跟着节气来种菜

24个节气　24份喜悦

厨花君　主编

U0238347

中国农业出版社
北京

前言

2016 年，联合国教科文组织将节气列入人类非物质文化遗产代表作名录的时候，对它的官方描述是：二十四节气——中国人通过观察太阳周年运动而形成的时间知识体系及其实践。用朴实的白话来说，节气是对自然运行规律的破译，自此后，以这 24 个简洁的名词为指引，农耕社会中的人类与自然达成了高度默契。

那么，生活在城市中的我们，今天又是如何看待节气的呢？

绝大多数人不能说对节气全然无感，但印象也多半限于特定的食俗，比如清明吃青团，冬至煮饺子。在当下的城市生活中，节气作为一种补充历法，早已失去它的权威性，更像是一种文化谈资或是生活点缀。

我也曾是如此，直到一脚踏入农耕生活，才对节气有了重新的认识。而这种认识的开端，几乎可以用“神奇的第一课”来形容。

那是开始种菜的第一个秋天，8 月初立秋，左邻右舍步调一致，集体开种大白菜，只有我不以为然，晚几天有什么关系？孰料，一步错，步步错，到了立冬节气，别人都心满意足地收获了结结实实的大白菜，我只收获了一堆勉强卷心的“大绿菜”。

没赶上立秋播种的“班车”，就意味着错过阳光最充沛的苗期和温差最适宜的生长期，如果用数学模式来呈现这种偏差，那会是篇冗长的论文，然而，在悠久的农耕传承中，它最终被凝缩成一句朴实无华的话：什么节气种什么菜。

虽然四季轮换有常，但自春至秋的更替并不像书本翻页那样明确，依靠节气这份中国人世代相传的时间指南，我们能够更明确地感受到这种微妙的变化，从而做出应对。

在种菜这件事情上，听节气的，准没错。

目录 Contents

收获喜人的春夏之交来临了！

考验种植者，也考验植物的酷暑到了

金子一般的种植季节，从现在开始！

尝试着在家居空间种植的季节，需要技能、耐心和运气！

开篇 二十四节气

跟随节气的步调，劳作、收获、休憩，这是我们和自然交往的最佳方式。

立春 Lichun

雨水 Yushui

清明 Qingming

谷雨 Guyu

芒种 Mangzhong

夏至 Xiazhi

立秋 Liqiu

处暑 Chushu

寒露 Hanlu

霜降 Shuangjiang

大雪 Daxue

冬至 Dongzhi

惊蛰 Jingzhe

春分 Chunfen

立夏 Lixia

小满 Xiaoman

小暑 Xiaoshu

大暑 Dashu

白露 Bailu

秋分 Qiufen

立冬 Lidong

小雪 Xiaoxue

小寒 Xiaohan

大寒 Dahan

立春

待剪春蔬

作为二十四节气之始，立春从字面上就透着万物复苏的鲜活气息。但由于南北气候差异，江南已然柳芽绽绿，北京还是一片萧索气象，然而，细细地体味，凛冽寒风里已然有了春的气息。正所谓『木萌草木先回润』。

和润的风，吹醒了蛰伏了一冬的农人，该行动起来了。

春盘从何来

“立春日，食蘆菔、春饼、生菜，号春盘”。

这份记载在宋代《岁时广记》里的唐朝食单，是相当朴实的。蘆菔者，萝卜也。虽然春饼做法已几经变化，但在今日依然是百姓生活中常见的食物。而食单中提到的生菜，可以理解为具有新鲜之味的时令蔬菜，在黄河以北的广阔区域，立春时节冻土未融，实在挑不出几样鲜蔬来。

这份可操作性很强的食单，解决了我的一个困惑：古人立春时食用的春盘，也许并不像诗里说得那么花团锦簇！

唐诗宋词中，吟咏时令风俗的很多，春盘也时常出现，在以苏东坡先生为代表的几位吃货笔下，先后出现了蓼茸、蒿笋、青韭、芹芽这些一听就让人流口水的春鲜，仔细一琢磨，这都是江南或蜀中的食物呀。

所以，可以大胆地推测下，杜甫笔下的“春日春盘细生菜”，顶多是羊角葱、韭黄再加冬储大萝卜切成的细丝，因为唐都长安在立春的时候还是清冷一片。纵然有利用地热种植反季节蔬菜的少许记载，但如此高昂的代价，显然只能专供皇家。可为佐证的是宋张耒的诗句：“如丝苣甲饤春盘，韭叶金黄雪未干。”而冬日在有避寒措施的小畦内，以厚土覆盖韭根，培植韭黄的习俗则由来已久。若要得青韭，在北方那必须等到春分。

随着农业种植技术的进步，简易暖房开始普及，康熙名臣高士奇在《金鳌退食笔记》中就曾提到，“种植瓜蔬于炕洞内，烘养新菜，以备春盘荐生之用”。春盘的花样终于丰富起来了。水红萝卜、香椿、芹菜、小黄瓜，只有你想不到的，没有京郊菜农种不出的。

在大部分蔬菜都能实现四季供应的今日，春盘的选择就更广阔了，单是地产的温室菜，就有小萝卜、香椿、豌豆尖、芥菜、菠菜、青蒜、青韭、小水葱，不一而足，任君采撷……啊，不，是购买。

立春农事

立者，始也。

一年之计在于春，春季之始，便是立春节气。

井然有序地安排各项农事，准备即将到来的繁忙春耕，这种站在起跑线上等待枪响的心情，每年都要体会一番。

备种

春耕备种是一个系统工程，备肥、备种、备各类农资材料，而对于希望品种多样化的小型种植者来说，可通过各种渠道采购种子。去综合性农贸市场、大型花市挑选蔬菜种子最为直接简便，还可以向经营者问询种植方法，但品种的多样化会略有欠缺。通过电商购买是更为适合城市种菜爱好者的方式，更容易实现少量、多样化。

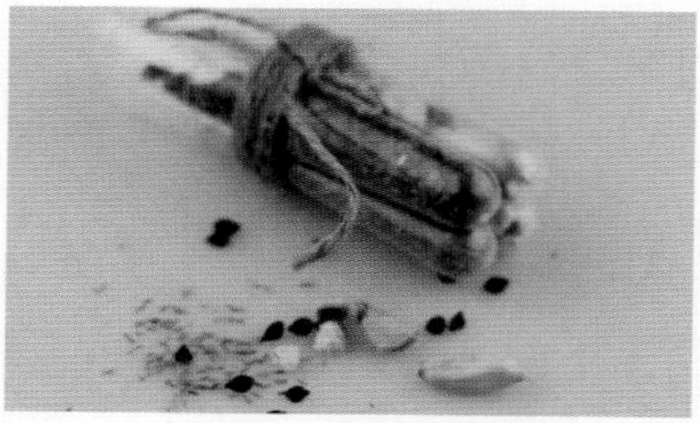

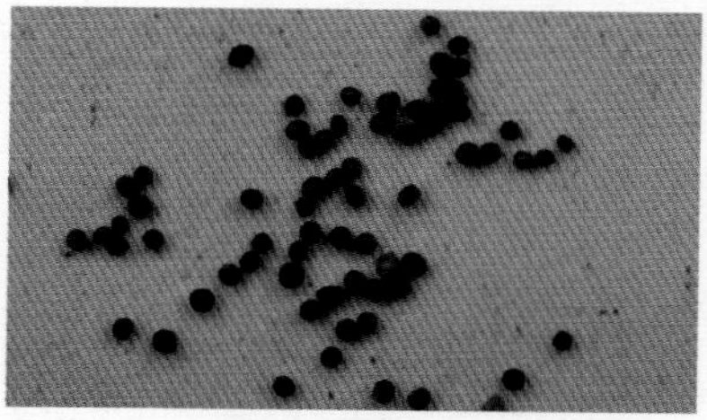

试播

试播通常在两种情形下非常有必要。一是去年遗留的数量较大的陈种，试播可以测试发芽率以决定是否使用；二是新品种子，在种植上没有什么经验，通过试播可以提升发芽率，对苗期管理也能积累一定经验。

试初春扦插

初春时节是苗木扦插、压条的黄金时段，不过具体的时间点还需要仔细把握。户外果树、宿根植物，在新芽即将萌发或初萌时，剪枝扦插成活率最高。需要注意的是，扦插枝条需要放在温暖的室内进行照料。

在北京无法越冬的香草植物扦插，也是这个时段的重点，如迷迭香、薰衣草等，可以直接剪取成株盆栽的尖梢半木质化枝条，进行批量扦插，早春室内温度适宜，极易成活，待到4月中旬，正好能赶上移栽定植。这样做，既有成就感，也可以大幅节省购买种苗的费用。

雨水

微绿迎春

立春之后，雨水继之。古人用他们的浪漫主义，将雨水节气的由来解释为：『东风既解冻，则散而为雨矣。』

绵绵的春雨后，『草色遥看近却无』，乍暖还寒的早春时节，庭园花事尚需稍待，但隐约的一抹绿，却早已让人按捺不住雀跃的心情。

与自然相呼应，都市里的农人，也在案头窗前，迫不及待地播种着小小的春天。

逢春野花亲

“江南腊尽，早梅花开后，分付新春与垂柳。”

在早春花事的比拼上，江南人民真是赢得一点争议都没有。而北方人民，要一直苦盼到惊蛰前后，才能因为墙边的一串迎春，或是枝头的一朵玉兰，恍然大悟，然后奔走相告，春天来了！

春天才来吗？并不是。那角落里的小野花，早已将春天的“口信”准时捎到——喂，收件人，你低头看看呀！

相较于高大的桃、李、玉兰，城市绿地里的小野花是那样不起眼，只能勉强在人工草坪的边缘找个落足之地，然而这不妨碍它们什么，若真是有幸占到了个向阳又避风的地方，那就真的是得风气之先了，顶着料峭春寒，也能开得精神百倍。

最早的一拨是紫花地丁、二月兰和地黄，可能是因为叶片丛簇贴地而生，能够为小花蕾提供一点儿保暖作用吧，只要有三五天的春日晴好，便能看见它们星星点点地开在枯草间。

以耐寒著称的紫花地丁和二月兰就不说了，唯有地黄，至今我也不明白它是怎么跟上早春的节奏的，明明各种资料介绍的都是“花期初夏”。然而，根据我在北京郊区的实际观察，早春到清明，随时都能够看到地黄棕紫色的筒状花朵在草丛间闪现。作为一种著名药材，地黄就这样随意地长在郊野、公园、河堤和小区绿地角落里。很多人都可能看到过，却不一定知道它就是六味地黄丸、知柏地黄丸、桂附地黄丸中提到的“地黄”……

作为小野花们的忠实粉丝，我想说，抬头看月亮的时候，也别忘了脚边的“六便士”啊。毛茸茸的叶子，挺立的花序，一丛丛开起来，相当有疏朗之美。“噢，这朵小野花还蛮萌的”——没错，这就是我初见它的心声，甚至还曾动过移栽一些进园子的念头。

雨水农事

雨水节气，并不多雨，至少北京基本不下雨，事实上，作为二十四节气起源地的中原农作区，这时候也很少下雨，这才有“春雨贵如油”的说法。

所谓雨水，其实指的是气温回升到0℃以上，如果有降水，多半是雨而非雪。

从气象学上来说，雨水节气才算是春季的开始，而对于露天种植者来说，这个节气姑且算是预科阶段吧。

整理农具

工欲善其事，必先利其器，这句话各行各业都适用。

入冬时收纳的农具，也是时候拿出来了，全面地检查一下状况，生锈的打磨光亮，松动的加个木楔紧固一下，有把手断裂的工具，赶紧换。这件事情最好亲自动手，因为每个人的体型、身体姿态、劳动偏好都不一样，即使是农具，用久了也会“物随主人形”，在某些细微的地方特别贴合你。

修剪果树

理论上，果树的整形修剪，在冬季落叶后到早春萌发前的休眠期都可以进行。不过在实际操作中，会根据各自区域的气候特征，细微调整。

冬季较为寒冷的华北地区，立春和雨水节气之间，在果树早春萌芽前，进行修剪比较普遍，这样做，可以避免切口在冬季因为低温而造成冻伤。

室内育苗

虽然说清明节后，宜种瓜点豆，但那指的是露天直接播种。不少瓜豆类蔬菜，在雨水节气就可以小批量地进行室内育种了，特别是豌豆、西葫芦这些畏惧高温的春夏季蔬菜，早育苗早移栽，会有更多收获哦。

对种植爱好者来说，室内育苗由于条件限制，在苗期会有很大概率出现弱苗、徒长等现象，所以还要配合通风、补光等措施来进行改善。

令人激动的户外耕作时光来了！

充满希望地播撒种子吧！
将精心培育的小苗移交给自然来照管吧！
和再度萌发的老朋友们打个招呼吧！

惊蛰

自此耕种

冻土初融，野草萌发，冷冽的空气里，已经混杂了独属于春天的清新泥土的芬芳。

虽然没有春雷，也观察不到『虫惊而出走』的迹象，但北京的春天确实如期而至了，季节更替时的细微变化，只要留意观察就能察觉得到。

『田家几日闲，耕种从此起。』新的劳作季节开始了。

驚蟄

季节
风物

马兰头

江南春蔬

由于气候温暖，江南的春蔬明显丰富得多，比如马兰头，北方就很少得见。

它是菊科马兰属植物，《本草拾遗》中说：“马兰，生泽旁。如泽兰，气臭。”“北人见其花呼为紫菊，以其花似菊而紫也。”冬季大约只能忍耐 −10℃的低温，所以过了长江就很难见到。

马兰头并不以肥美见长，而是取其清香、鲜嫩之味，或与香干共拌，或与笋片同炒，借的就那一点从土里生发出的春味。

南北大不同

同叫作马兰，在北方就是一种不同的植物。

江南野菜马兰头是菊科植物，而北方的马兰，其实是“马莲”的转音，也叫马蔺，是鸢尾科植物，极耐低温，在北方广泛分布，它的叶子细长而有韧性，割下来晒干以后，是很好的捆扎材料。

很多人小时候跳皮筋时都唱过这样一首童谣，“小皮球，不落地，马兰开花二十一”。童谣源于宁夏地区，显然那里没有菊科马兰，所以这说的也是鸢尾科马兰。

春植马兰

如果担心马兰头在北方过不了冬，又想一尝江南的春鲜，除了通过电商购买外，在早春的时候算准时间种一些也是个办法。

马兰头是种主要靠地下茎繁殖的野蔬，比起播种来，大大缩短了生长时间。江南春来早，已经萌发嫩尖的马兰头，连同一段地下根茎同时掘起，几天后就能在北方的庭院里种下，经过一两周的缓苗时间，过了清明就能得到第一批收获了。

春江水暖草先知

《说文解字》是这样解释“萅”（春的古字）的：“萅，推也。从艸，从日，艸春时生也。”艸即草，阳气上升，小草露头，这便是春天了。

长于荒野，得地气的野草，是春天最早的感知者。

“春草绵绵不可名,水边原上乱抽荣。”

看到这两句诗，我脑海里浮现的，是一片长满茅草的荒野，直立向上的绿色叶片镶着紫红的边，半抽穗的白茅花随风而舞。

“茅叶如矛，故谓之茅”，它也许是中国人最熟悉的野草，无论环境多恶劣都能长得很旺盛。大江南北，春风一吹，便蓬勃地生长。早在诗经中就有它的身影，“白茅纯束，有女如玉”。然后，“舒而脱脱兮，无感我帨兮，无使尨也吠”。

原来，我们的祖先曾活得如此坦荡、野性、真实。

在我童年的回忆中，春天就是从一把茅缨开始的，各地对这种天然长成的“零食”叫法不同，也有叫茅针、茅芽、茅根的，其实它既不是芽也不是根，而是白茅初生的花序，被包在叶片里没有见光的时候，是嫩嫩甜甜的一条穗，小孩子上学路上，遇见了就采一把放在口袋里，慢慢剥来吃，品味着春天带来的独特风味。

大约能吃上半个月，随着春意渐浓，花穗很快就抽高身条，而盛开的茅缨，味同嚼蜡，孩子们的兴趣，也就转移到别的野草上了。

随着城市越来越繁荣，白茅变得难得一见。不管多顽强的野草，也无法在水泥与钢筋的夹缝中生存。但童年的记忆是那样深刻，读到这么一句诗，那起伏飘扬的茅草与茅花，仿佛又回到了眼前。

北京的春天比江南来得晚，惊蛰时节，夜间温度还在零度以下，大部分野花野草都刚开始萌芽，白茅也只是露出了一点叶尖，这时候能称之为“乱抽荣”的，唯有二月兰。

二月兰也是从南到北都有的野生植物，宿根、耐寒，天气略转暖就开始萌发，惊蛰前后，紫色的花苞已经开始孕育了。比起白茅开花时的冷淡画风来，二月兰要热闹得多，蓝紫色的小花此起彼伏地开起来，有着薰衣草田般的美感，又多了一份疏朗的山野之趣。

遗憾的是，北方的油菜花开得晚，不然，灿烂金黄的油菜花，配上淡紫的二月兰，正是一对天然的互补色，那尚带料峭寒意的春日，也会因此而明艳不少吧。

惊蛰节气

这些蔬菜是重点！

惊蛰时，早晚寒气犹浓，但中午的太阳照在身上已经暖融融的了。一暖一寒，土地冻融交替，正是季节转换的关键时期。

田间的劳作主要以前期准备为主，收拾清整，预备种苗，开畦挖沟，将积蓄一冬的能量尽情地释放出来吧。

韭菜

所谓“春初早韭，秋末晚菘”——韭菜和大白菜真是一对奇妙的组合，是既能“阳春白雪”，又能“下里巴人”。

每年到惊蛰节气，就要开始料理韭菜地了，耧去地面上的枯枝乱叶，整好畦面，当气温稳定在零度以上时，一次性浇透水，促使韭芽萌发。

荠菜

北京地区挖荠菜的最佳时段，其实是在春分至清明期间，但是，在向阳又避风的角落，惊蛰一过，就能发现它的身影。而在蔬菜大棚里，荠菜更是过了立春就开始蓬勃生长了。

芦笋

耐寒力相当强的芦笋，也是开春时令人垂涎以待的鲜蔬。

惊蛰一至，它便萌发出白嫩的尖芽，一路向上，顶出地面。在这期间，专业种植者会通过逐渐覆土等方式，来获得珍贵的白芦笋，而随性的业余菜农，就坐等嫩紫的笋芽顶出地面。随后，再等三五天，就可以齐根割下这新春的第一把芦笋了。

菠菜

秋播的菠菜，长出三四片真叶时就已经进入霜冻期，地面部分枯萎，所有能量都积蓄在地下的根茎里，春风一吹，一场春雨后便能够迅速返青，而且会以令人震惊的速度生长，没多久便是绿油油的一片了。

惊蛰农事

分株

分株是一种效率相当高的植物繁殖方式，但是时段有比较严格的限制，要么是萌芽之前，要么是休眠之后。

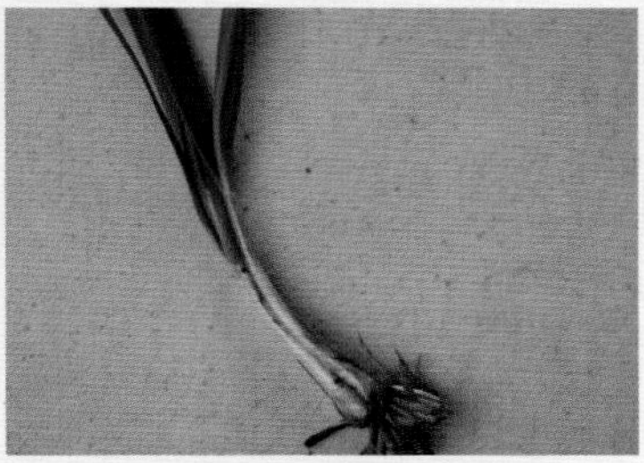

挖出地下的壮根，切断新分株与母体连接的地方，或者将带有芽点的大块根部分切成几小块，分别种植即可。

浇返青水

春季天气回暖后，处于萌芽阶段的植物对水的需求量大大增加，此时如果没有有效降雨，就必须人工浇水。当这遍水浇过后，诸如小麦、大蒜、各种树木都会加速萌发，由枯黄转为青绿，所以称为返青水。

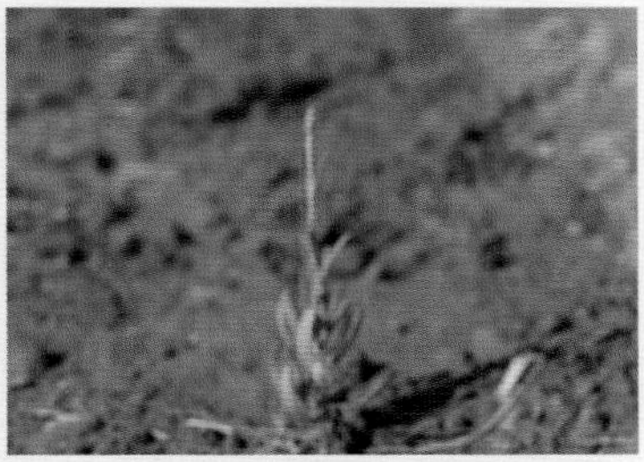

保护地育苗

在惊蛰前后，通过搭盖简易小拱棚这样的措施，进行露地育苗。

保护地育苗以耐寒型的蔬菜为主，比如芥菜、芝麻菜、油菜等。注意大多数茄科蔬菜如西红柿、辣椒等喜热畏寒，风险较大，如果遭遇倒春寒会造成一定损失，最好还是温室育苗。

炼苗

小苗在温暖、弱光照的环境下，长得较为细弱，炼苗是有效提高成活率的一项步骤。

所谓“炼”，可以理解成对幼苗的锤炼，形式比较灵活。可以短时间撤去保护措施或直接将穴盘搬到户外，加强幼苗对自然环境的适应力。

春分

栽树育苗

北京的春天来得迟又走得早，直到春分时节，拂面吹过的风，才终于有了一丝温度。

世界像是瞬间打开了新的大门，树头玉兰花开，地面百草返绿，郊区的山坡上，杏花开满枝头。『一候元鸟至，二候雷乃发声，三候始电』，叽叽喳喳的燕子，一如几千年前，如约归来。

万物复苏，农人也从冬日的蛰伏里醒来，种树、种花、种草、种菜，对于露天种植者来说，春分才是一年的开始。

季节风物

葱

以葱充笋

作为春季最具代表性的时令食材，笋最令我“痛恨”的一点是它只生在长江以南。

没有笋，我们有葱，而且有很多丛葱。

去年春季播种的小葱，到了秋天已经长成，冬天来临的时候，留下一小片不收，任由它枯萎过冬，这样，早春的时候，拨开枯叶，寻找到刚露头的葱芽，用小铲子轻轻地挖下去，就能收获一种“彩蛋”食材：春葱。这感觉很像在江南的竹林里挖笋。

放养式种葱

我参观过种植基地的葱田，那风景确实壮观，笔直的大葱整整齐齐地排出去，犹如士兵列队。

赞叹归赞叹，回到自己的一亩三分地，我种葱的方式依然是放养。零星地块，随意地种几丛葱，或是撒些葱种以后，就不再特别照料，随它自由生长。

好在葱是一种习性相当强健的植物，无论是开花的虾荑葱，或是中国大葱，都可以按“多年生香草”来对待。

花丛里的葱

有机农法里很强调植物之间的互相配合，从这个角度来看，葱是一种很优秀的蔬菜。它能够散发辛辣气味，如果与一些易受虫害的蔬菜或花草合植，能起到一定的驱虫作用。同时，浅生的地下须根又不会和其他植物争夺地盘，是“厨房花园”中特别好用的基础品种。

种在花丛里的葱也照吃不误，因为是调料蔬菜，所以日常用量并不大，这种细水长流式的供给完全能满足需求。

春分：无功也受禄

无功不受禄？这可不是菜农的作风。种菜是人与自然的合作，那么，“合作方”发放些福利，也无需谦让，大大方方地收下就是。

春分时节，就是领福利的黄金时段。

第一遍返青水浇过后，就可以开始仔细寻找起来了。各种越冬的宿根植物，该此起彼伏地萌发了，成片的二月兰根深苗壮，可以按照从大到小的次序，采收几轮；灰绿色的龙蒿芽鲜嫩清香，一定要刚露头就摘；向阳的角落，荠菜真是得风气之先啊。

满足了口腹之欲，还可以进一步搜寻。去年种过芝麻菜的角落，会有自播的幼苗密密麻麻地发了一大片，完全省去播种照料之劳，坐等收获就好。苋菜和紫苏也可以照此办理，随着气温的进一步升高，萌萌的秋葵苗会自动露头报到——前提是，去年你种了秋葵，并且有成熟的种荚在枝头裂开过。

“凡走过，必留下痕迹”的文艺名言，在菜农的词典里，可以理解成“凡种过，必留下小苗”。于是，就可以很愉快地在今年的播种表中划去这几种了。

不少野花也是自播的大户，波斯菊、紫茉莉、茑萝都是种过一次就不用再费心培植的花，等到后来还可能要硬下心肠来铲除呢。

至于韭菜、芦笋这些多年生蔬菜，还有各种小果树，那都是预定好的奖品，只需要拿出耐心来等待就行，先剪春韭，再收芦笋、杏花、苹果花、山楂花……一场场迷你花事看过，青果就该挂上枝头了。

有时候，大自然还会制造一些惊喜，莫名其妙地在墙角长出几株高粱，哪里来的？小鸟衔来的，邻居家去年种了一小片矮高粱，于是今年春天，我也分到了利息。

春分节气

这些果树是重点！

从植树节到春分节气，这一周多的时间，在北京地区，是移栽各种小树的最佳窗口期。

冬去春来，积蓄一冬的能量让小树们生机满满，正要从休眠状态中恢复，可以赶在这时候，给它们挪个适宜的环境，培好土，浇足水，成活率最有保证，移栽后的长势也会更为旺盛。

对都市农人来说，果树（特别是小型果树）是和蔬菜搭配的最佳选择，既有果实可收，且占用的地方也相对较小，又可以零活种植，诸如鹅莓、树莓这些带刺的品种，还可以充当树篱。

无花果

假如花园里种了一棵无花果，从初夏到初秋就源源不断地有甜蜜收获，从树上刚摘下的果实，风味是果干难以比拟的。不结果的时候，它还可以充当绿植来欣赏。

深秋或早春都是适宜的种植时间，购买种苗直接移栽就可以。

山楂

山楂是一种相当适合城市居住环境的小果树。初春的时候萌发出嫩红的树叶，渐渐转为绿色，白花红果，从春到秋都有不同的风景可赏，然后摘下山楂还可以自制果酱！

种山楂最适宜的时段是早春，赶在新叶还没有萌发之前。

树莓

红艳的小红莓是所有烘焙书中一定会提到的高颜值食材，当作水果来吃，味道软糯且香甜，是初夏最具标志性的风味食材之一。

比起其他果树来，树莓的生命力更强健，从初春到春末，都可以移植。如果庭院地方充足，种一排作为树篱也是很好的方案。

猕猴桃

既能结果实，又能爬满支架提供满院绿荫，作为藤本果树的猕猴桃，有着不可取代的优点。当然，百香果也是种选择，但是，考虑到气候适应度，猕猴桃完胜。

春分农事

翻耕

使用叉、铁锹、锄头等农具，将土块掘起、打散，板结的地块变得松软且宜于种植，这个过程称之为翻耕。

一年之际在于春，而春季耕作里，最先要做的基础工作就是翻耕。捡出土中的石块、残根、异物，之后耙平地面，完成播种前的准备工作。

扫除清理

久不住人的房子，入住时需要进行大扫除，冬去春来的菜地，开春时也需要细致地处理。上一季种植的蔬菜，很可能还有根茎部分残余在地下，需要配合翻耕，将它们清理干净，并统一处理。宿根植物冬天时枯萎的地面部分植株，要赶在萌发新芽前清理干净。

照管头茬菜

前一年秋季播种的菠菜、葱，多年生的韭菜、芦笋等，都是早春重要的收获。

春分时节，夜间平均温度已经在零度以上，这些耐寒的蔬菜如鱼得水，在大部分蔬菜刚刚发出小芽的时候，它们已经长势喜人。

防春寒

倒春寒指的是暖和几天后忽然大幅度降温，这种低温对幼苗会造成极大的伤害。

所以，春分时节，密切地关注天气预报是菜农的本能，一旦有明显的降温讯号，立刻采取力所能及的防护措施，挽回损失。

特别篇 节气食俗

『聊开柏叶酒，试奠五辛盘。』

——南北朝·庾肩吾《岁尽应令诗》

立春·五辛盘

晋《风土记》：『五辛所以发五脏气，即蒜、小蒜、韭菜、芸薹、胡荽是也』，对应今天的蔬菜品种，蒜即大蒜，小蒜即野蒜，江南一带则以藠头为主，韭菜和胡荽在今天也是日常食材，胡荽即芫荽。

中医对芸薹的评价是『辛滑甘温，烹食可口』，在古代它有诸多药用价值，不过，具体芸薹的品种则难以确定，泛指油菜、芥菜等芸薹属蔬菜，以油菜最为常见。

① 取冬储大蒜，剥皮，切薄片。

② 取新鲜小蒜（藠头）数枚，洗净，剖成两半。

③ 新生春韭，去根，切段。

④ 新鲜的小油菜，去根去老叶，生吃别有一番清新滋味。

⑤ 挖新鲜芫荽，去根，洗净。

⑥ 将处理好的食材，整齐地码放成一盘。

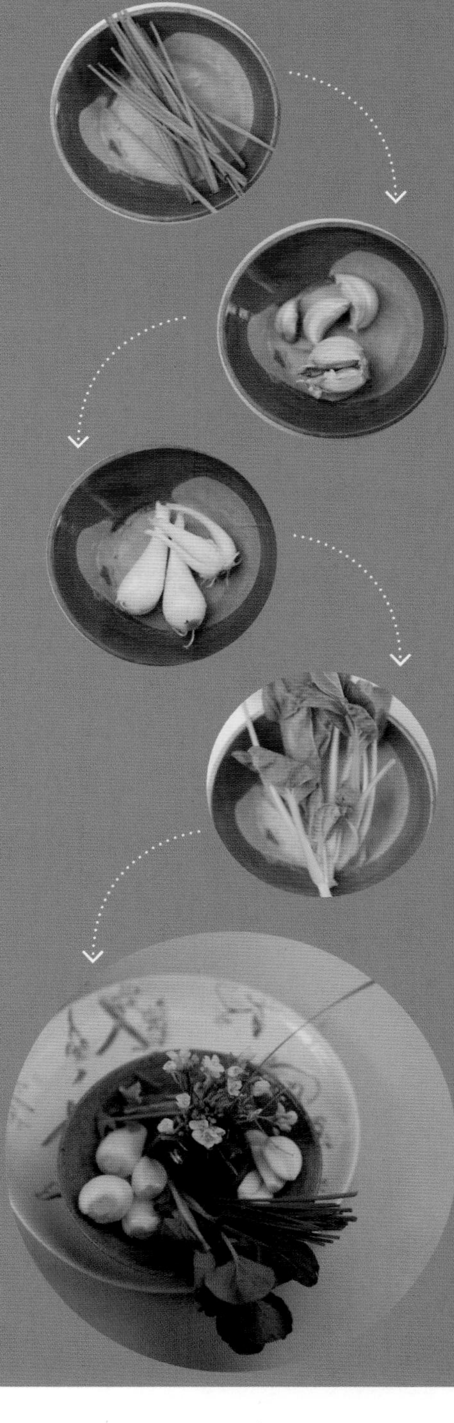

清明

采撷野蔬

在『气清景明，万物皆显』的清明节气，春日农事进入了一个繁忙的期间。播种、间苗、除草、移栽……诸事重叠。

似乎是为了补偿我们的辛劳，在清明前后，丰富的野蔬，荠菜、蒲公英、苜蓿头、香椿芽、马兰头、榆钱……这些天然长成的食材，让我们在餐桌上领略着季节的滋味。

季节风物

香椿

瘦小，但美味

在自然环境里生长的香椿树，嫩芽并不肥硕，叶梗偏细，叶片也小很多，往往令人不舍得采摘，总想让它再长大些，但别耽搁太久，当最外侧的大叶下半截开始微微转绿的时候，就要赶紧掐下来吃了。

香椿核桃爱“撞脸”

赶在香椿树发芽的时候，隔壁的两排核桃树也开始苏醒，都是羽状复叶，萌发时间相近、叶色也有类似之处，经常有人认错，一脚踏进核桃树丛，然后传来兴奋的喊声：“呀，好多香椿！”——这时候你就得赶紧去“捞人”，以免核桃树遭遇这飞来横祸。

委屈的臭椿

没有对比就没有伤害，如果臭椿会说话，它一定会把这句话重复一万遍。颇具颜值的臭椿，花、叶、株形都美，在不少国家被用作行道树，有“天堂树”的美称。然而，在我们这个吃货大国，就因为其树叶和香椿幼叶长得像，却又没有香椿那独特的风味，被贬低成了“臭椿”。

香椿摊鸡蛋

无论怎样料理，香椿都要焯一下，为的是去除草酸。焯过的香椿，色泽由紫转为嫩绿，香气也更为浓郁。香椿摊鸡蛋是最普及的家常做法，挤干水分，切成碎末，加入蛋液，搅匀，就可以下锅了。我的习惯是用平底锅来做，并且火候上有意略过一点儿，蛋饼略带焦黄，这样吃起来感觉更香。

不是春天来得慢，是我们太性急

大约在清明前后，我终于收获了今年的第一把香椿，发到朋友圈，引来一片追问："都这个时候了，还有香椿呢？"

我简直不知道怎么回答这个奇怪的问题，都这个时候了——在华北地区，这不正是吃香椿的时候吗？"雨前椿芽嫩无比"，清明后，谷雨前，温度渐渐稳定，阳光充足，再来场春雨，过个两三天，抬头就能看到香椿树尖有红色的嫩芽齐刷刷地发出来了。

然而，朋友们的问题并非凭空而来，它也是有现实依据的。在北京的超市里，3月初就能买到成把的水灵灵的香椿芽了，鲜嫩肥硕，恍惚间给人一种错觉："呀，春天来了。"

这春天，是早到的江南之春。

江浙一带，春天本就来得早些，而这些香椿，又是在大棚内批量种植的，有适当的避寒措施，也能满足光照要求，香椿便提前萌发，采摘下来扎成把儿，源源不断地运往北方的超市里，以慰性急的吃货们。

习惯了这样超前的城市生活节奏，完全遵循自然时令的农获，反而显得有点不合时宜。

香椿并不是唯一的"迟到者"，诸如这样的例子还有很多，典型的代表有杨花萝卜和草莓。

杨花萝卜指的是以樱桃萝卜为代表的小型品种，因为在杨花飘扬的季节上市而得此俗名，不过在超市里，它从深秋到初夏都有供应。草莓就更明显了，每每要等到超市的草莓下架时，露天种植的草莓才刚刚结果，整整迟了一个季节！

我并不是要反对这样的供应，损失一点风味，来换取长时间的稳定供给，这是从现实情况出发，更符合城市生活方式和需求的做法。

只是，不妨在某些特殊的节点，放慢脚步，等一等那些真正属于这个时令的风味。在清明假期，去城市的郊区走一走，预约个有机农场，挖点儿荠菜、蒲公英，或者采几把香椿头，剪一束花椒芽，这些是完全属于季节的食材。

用最简单的方式去烹饪，入口的那一瞬间，那鲜明的滋味会告诉你，无论人类做了什么，自然永远不会抛弃我们。

清明节气

清明是踏青郊游的好时节，当然，也是种花栽菜的好时节。

日渐回升的气温，和煦的风，偶尔的春雨，使刚发芽的蔬菜苗，迎来了最佳生长气候。

在这个时节，如果既想认真劳动，又眼馋郊游的野趣，那不妨在菜园里移植一些野趣十足的品种。

苦荬

苦荬是北方常见的野菜，因为叶片吃起来具有明显苦味而得名。在农田角落极易发现，踏青的时候，挖取带有部分根部的茎苗，做好保湿工作，回家后像移栽菜苗那样，种植到花盆里，成活率很高。但是要注意在开花时及时剪除花苞，以免种子四处散落。

苜蓿

苜蓿是常见的牧草，然而无论在大江南北，都有一部分贪嘴的人类，先来偷着享用春季的嫩芽。由于苜蓿习性强健无需照管，也是很值得考虑的庭院懒人植物。

清明前后，苜蓿已经长得很茂盛了，用手掐下鲜嫩的尖梢，焯水后，可以凉拌、可以做馅，淡淡的清苦味道，透着春天的气息。

菊花脑

分布在长江流域的一种野菊花，因含有芳香挥发成分，嫩梢用来做汤，口感清凉解暑，是春夏季的风味野菜。

和马兰一样，在初春时购买种苗定植，极易成活。菊花脑的好处是植株能够长得较为大丛，不仅产量高，观赏系数也远较其他野菜来得高。

蒲公英

药食两用的蒲公英，是孩子们最喜欢的野草之一，种在花盆中也很有趣。不过，野外采集蒲公英，最好在早春尚未萌发时，或是秋季地上部分已经枯萎，可以挖掘地下种根移栽。

清明农事

移栽菜苗

4月中旬以后，气温明显升高但又不会过度炎热，对于西葫芦、甘蓝这些高温环境中表现不佳的蔬菜来说，接下来的两个月是它们的“表演时间”。

已经育成的菜苗要赶在此时移栽定植，以便在酷暑来临之前，取得最佳的收获。

至于辣椒、秋葵、番茄等喜热蔬菜，就不妨等一等再做安排。

播种瓜豆

俗话说“清明前后，种瓜点豆”。瓜，主要指的是南瓜类，豆则以大豆为代表。这里的种瓜点豆指的是露天直接播种，如果有条件在暖房里进行育苗，则不用过于遵守这条规则。

对于小块地的种植来说，这两类大规模种植的作物，都不是主流品种，尽量选择矮化或小型品种，以免占用过大地方。

除草趁早

清明节气时，降雨较多。雨水的滋润对蔬菜生长有利，但同时也会让野草迅速滋生，刚发芽的小草很容易让人忽略它们的威胁，但它们生长极快，而且繁殖速度惊人，十几天的时间就能从幼苗到开花、结籽，一旦种子随风散播开来，会给整个春夏的种植增加极大的工作量。所以，除草一定要趁早，一旦发现，就要及时拔除幼苗。

谷雨

种花为馔

谷雨一朝看牡丹，美中不足者，牡丹只能看，不能吃。

所以，在我看来，紫藤才是十全十美，入诗，入画，可赏，可食。与玉兰、樱花、洋槐一起，成为谷雨时节的上好风味。

中餐里即使是风雅的花朵食材，也会被染上浓浓的烟火气。和一些传统入馔的枝头花比起来，更适宜生吃的可食花朵（Edible flower）则是另一番风味，花期也在谷雨前后，比起枝头花来，只需要盆栽就有收获的它们，反而更适合今天的都市生活环境。

但无论是哪一种，在和风吹拂的节气里，采花为馔，都是难得的良辰美事。

季节风物

树头春花

紫藤

紫藤给人的第一印象是清幽高洁，颇得文人青睐。然而，另一面，它又是极接地气的庭院植物，兼做食材。特别在北京地区，考虑到过冬问题，能地栽的开花藤蔓植物不多，离不开藤本月季、金银花这几类。紫藤株形典雅，花叶均美，习性强健，又是彩头极好的长寿树种，当然是栽种的上佳之选。

种紫藤最好直接购买已至花期的大苗，否则可能要等上好几年才能开花，早春移植，搭好爬架，便可以等着坐赏一树紫花。

槐花

五月槐花香，说的是国槐。谷雨时节开放的成串白色花朵，是洋槐花，也叫刺槐花。19世纪末的时候引种到中国，由于适应性非常强，所以很快普及开来。

槐花、榆钱，都是民间的美味吃食。花朵将开未开时，采下来洗净，可以直接生吃，味道淡雅清甜。也可以混合面粉蒸食。

玉兰

江南有梅花报春，而北方靠的是玉兰和迎春，特别是玉兰花，挺拔高大，未叶先花，一树盛放的花朵，是初春最具标志性的风景。嘴馋一点的，将这半开未开的花瓣采下来，洗净，拖面糊油炸，正是《群芳谱》里传承下来的方法："花瓣择洗净，拖面，麻油煎食至美。"

樱花

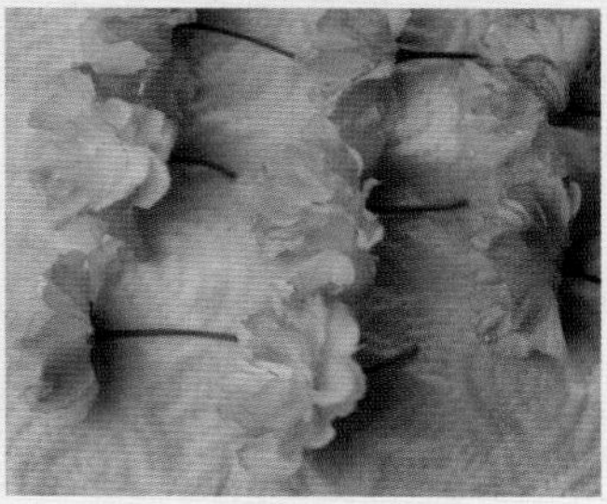

日本是一个樱花的国度，除了全民赏樱外，以樱为主题的美食也比比皆是，比如樱果子、樱花茶等，味道虽然没啥出奇，但卖相足够美。中国樱花胜地也不少，不过，如果是以食用为目的，最好还是自种，或者去专门的苗圃购买。

谷雨：餐落英乎？

梅花汤饼、槐叶淘、百合面、樱桃煎……这都是南宋文人林洪记载在《山家清供》里的食方，方子不长，寥寥几行而已，却引人神往。如蜜渍梅花，“剥白梅肉少许，浸雪水，以梅花酝酿之。露一宿取出，蜜渍之。可荐酒，较之敲雪煎茶，风味不殊也”。

同样都是吃花，这比屈原的朝饮秋露，夕餐落英可就实在多了。但凡真正实践过的吃货都知道，上好的鲜花食材，还是以花朵将开未开时的味道最佳。可没有拿开败了的菊花来涮锅子的，紫藤饼、蒸槐花也都是如此。

谷雨时节，春正盛时，正是一年中吃花的最佳时段。要说花类食材有多么了不起的滋味，那倒真的未必，最常见的形容词无非是清甜、柔嫩、清新这一类，看做法就知道了，花类食材很少煎炸炖煮，大部分地区以蒸食和拖面糊油炸为主，而西餐中多用做沙拉、浓汤或是甜品的装饰，很难像萝卜白菜一样，真正成为当家的食材。

然而，特地摘几朵花来料理三餐的人，其意也未必在于食之味。它和中国人所崇尚的所有雅趣一样，对心灵所带来的慰藉，远多过于对口腹之欲的满足。

在这点上，东西方是共通的。西餐中有不少花朵食材，但绝大多数起的都是画龙点睛的作用，诸如三色堇、玫瑰、豌豆花、康乃馨、紫罗兰这类花朵食材，最大的用途就是摆盘装饰，三五朵，一撮花瓣，瞬间把一盘菜变成了一副画，一首诗。

缘于这样的升华作用，在菜园里，我总会留片地方出来，种些花朵食材。旱金莲、琉璃苣、矢车菊这些最好种，直接播种，成本也低。另外一些草花，比如三色堇、洋甘菊开春再播种会赶不上花期，索性就直接购买花苗移栽，这样到谷雨的时候已经能开得纷纷扬扬了。

至于玫瑰、金银花、接骨木这些多年生的木本植物，还有虾荑葱这样的宿根香草，更是厨房花园里的必备。每年算准花期，提前就摩拳擦掌地准备起来了。

谷雨节气

雨生百谷，谓之谷雨。绵绵春雨，润物无声，菜园里一片生机勃勃。

春分过后播种的小白菜、樱桃萝卜，已经长成半大；白色的野芹菜花自顾自地开在角落里，春光如海，劳作时光也变得格外愉悦。

谷雨，果然不负“最美节气”的称誉。

芝麻菜

虽然芝麻菜是一种西餐常用的沙拉食材，但我觉得味道辛辣的它，非常具有东方养生理念中所强调的“生发之气”，是适合春天食用的蔬菜。

春分前后播种，到了谷雨的时候，芝麻菜已经长出六七片叶子，如果性急，这样的芝麻菜已经可以拔来食用了。不过，通常我会让它继续长大，成为“下蛋的母鸡”，源源不断地采摘新鲜的叶片来吃。

樱桃萝卜

从播种到收获只需要四十余天的樱桃萝卜，是春天家庭种植者喜爱选的蔬菜之一。小萝卜口感脆嫩清甜，萝卜缨也可以做出各种花样美食，拔上一把，餐桌上就有了浓浓的春意。

从春分到谷雨，樱桃萝卜都可以分批播种，盆栽和地栽都可以，种植难度很低，是小朋友都可以挑战种植的蔬菜，所以，用来做亲子种植最合适不过。

小松菜

小松菜这个名字听起来有点陌生，其实它和小油菜、鸡毛菜一样，都是白菜家族的一员，最早在日本江户川区的小松川地区种植。

小白菜的品种不同，口味也有差异。小油菜叶茎厚实，吃起来比较绵软清爽；鸡毛菜则更为脆嫩，小松菜则是细茎、阔叶，更为鲜嫩。种腻了鸡毛菜和小油菜，偶尔换着种种小松菜，还蛮有新鲜感的。

几种小白菜的种植方式大致相同，以直播为主，在春分过后，夜间地温保持在零度以上时，就可以放心播种了。

谷雨农事

适时播种

谷雨节气重点播种的是喜热的夏季蔬菜，以及一些生长期较为灵活的品种，比如玉米。

种玉米的最恰当时机是在一场春雨后，趁着地面湿润，挖坑埋入玉米种子，无需浇水，土壤中的水分足以支持嫩绿的玉米苗钻出地面。这种借用自然力量的播种方式，体现的是一种来自田间的智慧。

疏花疏果

如果种了果树，疏花和疏果是一定要学习的技能。根据果树的长势、苗龄，大致计算出它可以负担的果实数量，然后，摘去过多的花和幼果，这种人为的选择，能够收获更为硕大和甜美的果实。

扦插

扦插是一种常见的种植方式，它在观赏园艺中用途更广。不过，菜园中的果树、香草，也需要通过扦插来种植——特别是品种比较难得的时候，扦插能够保证血统延续。

谷雨前后，温度和湿度都刚刚好，扦插成活率很高。

间苗

小型蔬菜直接播种的时候，很难控制数量，通常会适当密播，在发芽后，可以采取间苗的方式，来保持合理数量。

一般在幼苗长出2~3片真叶时进行。

立夏

食鲜知味

『斗指东南，维为立夏，万物至此皆长大，故名立夏也。』

虽然节气名为立夏，但大部分地区并没有就此立夏，仍然处于最舒适的春季温度，人和植物都相当享受这段时光。春夏之交最妙的是鲜蔬、佳果不断，而且大多是过季不候的品种，蚕豆、元麦、樱桃、青梅……交织出季节之味。

将热未热的时节气候，赋予了这些食材独特的滋味，立夏时分，食鲜，知味。

季节风物

西葫芦

盆栽也好种的瓜

受到种植条件的限制，不少大型的瓜果类蔬菜，对于阳台种菜爱好者来说，只能是叶公好龙，

相对来说，黄瓜和西葫芦是比较容易盆栽的果菜，且西葫芦颜值高，还不需要搭攀爬架。作为南瓜的表亲，西葫芦有个很有趣的特质：“腿”短——专业的名词是矮生类型，它的每节藤蔓只有几厘米长，即使爬出二三十节，一个大花盆仍然装得下。

哥伦布和西葫芦

大航海时代造福了万千吃货，西葫芦也是在这个时期，从美洲被带回欧洲，然后传入世界各地的。据说哥伦布是第一个看见西葫芦的白种人——嗯，一切荣誉属于船长。

大约17世纪时，西葫芦传入亚洲，作为南瓜属适应性最强的栽培品种，它相当适应亚洲的温带和亚热带气候，而亚洲各国也非常需要西葫芦这种高产蔬菜。随着农业栽培技术的提升，原本主要露地栽培的西葫芦，现在已经转向以保护地种植为主，从而实现了一年四季的稳定供应。但对我这个露天菜农来说，西葫芦只属于初夏。

颜值蔬菜

为了适应中式烹饪的要求，国内普遍种植的是细长、淡绿色、大个儿的西葫芦，让人很难给这种蔬菜的美貌度打高分，嗯……那是你不了解它们。

西葫芦的品种相当多样化，从形状上说，以细长形和球形为主；从颜色上说，淡绿、深绿、金黄、斑纹，品种多选择多。小巧玲珑的果实，果皮光泽满满，在食用之前，随意装一盘，放在哪里都可以当家居装饰品。

立夏：迟开的油菜花

灿烂如海的金黄油菜花，在人们的印象里，是典型的早春风物。

其实不然，中国地大物博，各地气候差异极大，在不同的区域，油菜花能足足开满春、夏、秋三季。年初从云南开始，贵州、重庆一带依次绽放，然后是最典型的江南水乡花海，再向北、向西推进，一直到8月，以新疆、青海的花事作为最后的总结。

日本人春季赏樱，以“樱前线”为参考，如果把油菜花事做个统计，这条“油菜花前线”一定更为壮观。

赶在早春开放的油菜花，都是秋季播种，熬过当地不甚寒冷的冬季，春风一吹，便孕育花蕾。而在华北地区，油菜无法露地过冬，所以只能在开春后再播种，如此一来，花期也就合理地顺延到春末夏初。

自己开始种菜后，除了发现开花季节的差异外，对于油菜花的品种，我也有了很多新的认识。

按照通常的理解，油菜花指的是油菜开出的花，然而，油菜具体指的是哪种菜呢？

先看农学资料，这个比较靠谱。中国普遍栽培的油菜，分为三大类型：芥菜型、白菜型和甘蓝型，其中，甘蓝型为引进品种，产量高而稳定，栽培面积正在逐年增加。芥菜型产量低并且油质差，但是由于植物较为耐旱耐贫瘠，所以多在气候条件有限制的区域种植。

比较复杂的就是白菜型油菜了，来源不一，有的是大白菜进化来的，有的是小白菜进化来的，在不同的地方长期栽培，又出现了各种性状差异……白菜家族的这笔“账”，想算清楚可真不容易！

根据学习来的知识，判断我的这一小片油菜花，应该属于白菜型油菜，具体地说，是鸡毛菜和乌塌菜两种以鲜食为主的小白菜，因为错过收获时节而开出的油菜花。

看隔壁，想用来作沙拉的叶用芥菜，也即将加入这支油菜花小分队了呢！

立夏节气

初夏时节，植物愈发繁茂，菜园里的收获变得空前丰盛，在清新鲜嫩的春季时蔬退场之后，味道丰厚的夏季品种登场，芹菜、苋菜、蚕豆、小南瓜……春季繁忙地播种，在此时获得了丰厚的回报。

“夏三月，此谓蕃秀，天地气交，万物华实”，在酷暑到来之前，蔬菜们将迎来一年中的黄金生长时段。

莴苣

长江沿岸种莴苣，秋播春收，莴苣经过一冬蛰伏，在初春的低温里复苏，长得既矮又壮，肉质肥美细嫩。而北京种莴苣不具备这种条件，只能早春时用冷棚育苗，然后在春夏之交收获，由于气温高、光照足，莴苣长得又细又高。唯一宽慰的，是这样种出来的莴苣，有比较浓郁的芬芳。

蚕豆

立夏三鲜的一种，每年只有这个时节能够吃得到。

早春播种，立夏收获，在豆类蔬菜里蚕豆种植难度是比较低的，种子个头大，发芽迅速，植株挺拔，管理起来也相对容易。在欧洲的厨房花园中也很常见，既可以作为中心植物，也能够用来填充边角，颜值还是很高的。

草莓

草莓是能够让人明显感到保护地种植和露地种植区别的植物。在庭院里种植的草莓，不妨随意些，直接铺开来种，让它的走茎四处蔓延，既可以贡献水果食材，又可以当作地被植物来应用。

香蜂草

暑气渐起的时候，柠檬香浓郁的香蜂草，用来泡茶或是调制凉菜，都会有惊艳的效果。

香蜂草是典型的耐寒怕热型香草，在北京可以露地过冬，春季长势最佳，熬过夏天，到了初秋就又开始复苏。

立夏农事

春夏之交的微妙时刻，蔬菜们也在悄然地发生着变化。喜欢春季温凉气候的绿叶菜进入了收获旺季，而属于夏天的喜热族群这时开始发力。在这个交替的时刻，菜农不能放松任何一个细节。

补苗

露天种植，小意外时有发生，天气灾害、虫害频繁拜访，移栽定植也不能保证百分百成活，锄草时手滑把壮苗给铲了更不是偶然情况。所以，在育苗的时候，通常会留出一些余量来，以便应对这些突发情况。这些单独补种的苗，需要重点照料，以便及时缓苗，尽快追上平均进度。

追肥

对于大部分的种菜爱好者来说，施肥都是一个难题——如果拒绝化肥，大部分有机肥料和“脏臭”都脱不了干系，但这一步真的不能省，特别是初夏时节，诸如黄瓜、西红柿、茄子等夏季的盛产蔬菜进入发育的关键期，营养生长和生殖生长同时进行，最为需要肥力的补充。

浇水

不同于江南初夏的潮湿多雨，华北的初夏是个干热的旱季，降雨少加上温度升高，对处于苗期的蔬菜来说是场挑战。比起根深叶茂的成株来，蔬菜苗对于旱、涝的抵御能力差得多，中性偏湿润的土壤环境对它们来说最合适。

浇水要注意的事项有：避开炎热的午间，早晚小水缓浇，及时观察土壤状况，地表微微发干时即可补水。

修剪、整形

夏季的主力蔬菜——西红柿、茄子、辣椒、秋葵、黄瓜等，在立夏前后，一项重要的工作是整形。辣椒和茄子会在根部萌发新枝，细弱的枝条无法承担开花结果的重任，但却会消耗营养，需要及时去除。西红柿则容易在叶腋中长出多余的侧枝，也需要定期去除，即俗称的打杈。此外，开始抽个儿的黄瓜也需要整理主枝。

特别篇 节气食俗

『黄梅青李夏方初，新绿池塘浴小凫。』

——宋，舒岳祥《三月二十九日立夏喜晴稍有自适意有自旧京来者问钱湖景物又复怅然》

立夏：李子糖水

李子是从初夏到初秋都有收获的水果，不过，在立夏时节吃最为适宜，它味甘酸，性凉，『立夏食李令颜色美』，对于女性来说最有吸引力。

在上古时代，李子是一个涵义比较宽泛的名词，从它的金文字形可以看出，李其实泛指的是果树，《尔雅翼》里说：『李，木之多子者。』。后来，慢慢地把那些有辨识度的水果区分开来，比如桃、杏。形成所谓的五果：桃、李、杏、栗、枣。

今天，我们能吃到各种各样的李子，除了原产于中国的红李、青李，还有进口的西梅、布朗、恐龙蛋等西洋李。

① 李子洗净，剖开，去核。

② 切成大小适宜的块状。

③ 清水煮沸，下入李子块，煮10分钟。

④ 依个人口味加糖。

⑤ 略搅拌后盛入碗中。

收获喜人的春夏之交来临了！

目不暇接的丰盛春蔬要努力享用！

摘下第一个肥硕菜瓜的喜悦难以表达！

夏日军团，整装待发！

杏黄李熟，杨梅樱桃，一年佳果只在此时！

小满

豆绿麦青

『四月中，小满者，物至于此小得盈满。』

在源自中原农耕区的节气文化中，小满是取自主要农作物小麦的生活状态，在这个时节，麦穗开始籽粒饱满，但仍青嫩多汁，正是熟到七分的状态，以小满来形容再恰当不过。

发达的农业科技，让现代人的餐桌上丰富多彩，同时也未免与自然的季节有所脱节。所以，理解起『小满』这个词有点费力。

假如能有机会采一茎青青的麦穗，再剥出几粒清甜的麦仁，那对『小满』的印象便会立刻生动起来。

季节风物

甜豌豆

豌豆是个大家族

由于食用部位的区别，荷兰豆和甜豌豆看上去完全是两种不相干的食材，然而，它们真的是亲兄弟！只不过在品种上有软荚和硬荚的区别。

软荚的代表是荷兰豆，食用的是整个果荚，豆粒小，豆荚鲜嫩。而硬荚品种比较厚实，豆粒大而饱满，主要食用部位是豆粒，根据淀粉含量的不同，又可以分为菜用和粮用，甜豌豆就属于硬荚品种里的菜用类型，而煮粥常用的白豌豆，则是粮用品种的代表。

种豆得豆尖，也满足

种瓜得瓜，种豆得豆，这是最朴素的逻辑，然而，在春天短暂如兔子尾巴的北京，种豆可真的未必能得豆。一旦进入夏季气候，喜爱温凉气候的甜豌豆，便会出现植株枯黄、长势弱、只开花不挂果等种种状态，让人只能遗憾地将它们从菜园里拔除。

这是甜豌豆的习性，不能苛求。所以，每年春天的这一季甜豌豆，我都抱着一种相当佛系的态度。能收到多多的豆子固然好，收不到，多采点豌豆尖也是极满足的。

绿叶白花，素雅之风

虽然不以花朵取胜，但蔬菜花也颇有可观之处，特别是各种豆类蔬菜的花朵，着实赏心悦目。由旗瓣、翼瓣与龙骨瓣组成的蝶形花，确实有点蝴蝶翩翩飞舞的意思，只是有的蝴蝶花比较艳丽，而有的比较素雅而已。

以我常种的几种来比较，红花菜豆的花朵是最炫丽的，浓重的橙红色相当吸睛，荷兰豆的花朵则以配色取胜，深紫、淡紫、粉白相间，而甜豌豆的花走的是朴实路线，花朵呈纯白色——我想，它可能把所有的心思都放在了结豆上吧。

小满：渐入佳境的美好

二十四节气中，小暑之后有大暑；小寒之后有大寒；小雪之后有大雪。然而，小满之后，却没有大满——这词听起来太骄傲了，“日中则昃，月盈则食”，中国人谦逊、自守的文化特质，就在这一个与农业息息相关的节气命名中，体现无余。

但小满真的是个很受欢迎的名字，在这个节气出生的孩子，有不少人小名顺理成章就叫“小满”，但从没听说谁小名叫大寒或者霜降的。

住在城市里的人，很难找到一块麦田来观察“小得盈满”，那是很准确的一种描述。这个季节的麦穗已经长得大而饱满，揪下一粒，透过薄亮的外壳，能够看到麦仁已经快要长满，捏一捏，手感富有弹性。将这样的青麦仁剥出来，是能直接当成零食吃的——用牙齿轻轻嗑开，清甜的汁水便会在口腔中溅射，带着粮食的芬芳，如此滋味，是超市里买不到的。

我年年也会种几丛麦，聊作观赏植物，但对于小满的实际体会，其实更多地来自于蚕豆、洋葱、大蒜这类在初夏成熟的蔬菜。早春播种的蚕豆，这时候已然结出了饱满的豆荚。洋葱则要在前一年秋天播种，然后开春移栽半大的小苗，这样在初夏的时候就能有所收获了。随着天气渐热，眼看着洋葱的地下球茎一天天地饱满，隆出地面，也是相当有丰收在即的喜悦。

小满代表的便是这样一种渐入佳境的美好吧。

天气暖热但还不至于酷热，阳光充沛，大部分蔬菜在这样的气候条件下，都会进入爆发的生长期，刚发芽的紫苋菜几乎是一天一个模样，甘蓝菜壮、黄瓜花开、豆角开始迅速地爬藤，在这个时候偶然外出几天，回来简直要不认得自己的菜地了！

虽然小小的可爱的果实还没办法下锅，但是看着它们一天天长大，那种期待的兴奋，比起真正收获时的满足，也并不逊色呢。

今年的小满，更有额外赠送的季节风物，邻居家地里的一棵桑树，开始大量地挂果。“小满桑葚黑”，绿色的桑葚果开始慢慢地晕染上代表成熟的紫黑色，一粒粒缀在绿叶间，劳作告一段落时，跑过去翻找几粒，清水一冲就塞到嘴里，这滋味，久违了。

可惜，邻居家没有种樱桃和枇杷，不然，樱桃红，枇杷黄，桑葚黑，站在地头，我就能绘出一幅小满佳果图，那该有多美。

小满节气

虽然说四季的节奏是春生夏长，秋收冬藏，但在实际生活中，界限是有点模糊不清的，特别是季节更替之际，比如在春去夏来的小满时节，既有生又有长，也有收和藏。

这个节气，仍然可以播种，同时，进入收获期的蔬菜也有不少，除了油麦菜、油菜这样的速生绿叶菜，洋葱、大蒜、小土豆也迎来了收获期。

从春末开始，这种交叉行进的步调，将一直持续到初秋。

生菜

生菜到了小满时节已经长成喜人的大蓬，摘下一株就足够做个沙拉全家碗了，爽脆的口感和微微的苦味也很适合这个节气身体的需求。

然而，除了少数耐热品种，大部分生菜都是属于喜凉怕热的，所以要趁着这个时候努力地收获、消化。

黄瓜

在前一茬黄瓜的盛产期，吃货已经开始未雨绸缪了。黄瓜的特性在于它的盛产期只能维持30~40天，之后藤蔓便会耗尽力气，无法再贡献足够的果实。所以，为了源源不断地吃到黄瓜，有经验的菜农会从4月到7月，每个月都播种一轮。所以，新生力量的及时补充非常重要。

最后一轮黄瓜在7月播种，初秋开始收获，即所谓“秋黄瓜”，细细地品味因为气候的不同而导致黄瓜在风味上的细微差异，这也是一项饶有趣味的挑战。

木耳菜

别具一格的黏滑口感，让有的人对它爱不释手，也有人对它避之不及。显然，我是属于前者，极为迷恋那肥厚叶片带来的丰腴口感。

木耳菜是典型的夏季蔬菜，只要光照和热量足够，每天都能长一大截，为了保持鲜嫩的口感，在爬藤之前就赶紧掐尖食用。当然，也可以让它顺着支架长成，然后只采新鲜的嫩叶。

小满农事

捉虫

小白菜、油菜等进入收获环节的蔬菜，菜叶上的虫洞就会越来越多。甘蓝菜更是菜青虫的最爱，几只就可以把一株肥美的卷心菜啃到惨不忍睹，好在它们个头较大，只要追着痕迹找过去，就能捉出来。

及时收获

独立菜农最头疼的就是一到集中收获的时候，根本吃不过来。诸如黄瓜、茄子这类瓜果菜还好办，每天结几个，持续结果。但像生菜、苦苣、油麦菜、胡萝卜这些，却很难留在地里慢慢吃。在气温渐升的小满时节，它们很快就会抽薹变老。所以，差不多接近成熟的时候，就要开足马力消化这些菜了。

配置防虫植物

有机种植里很重要的一条，是讲究植物的互助种植，或者叫伙伴关系种植，就是几种不同的植物伴生，互相起到驱虫的作用，最典型的如罗勒与番茄，罗勒可以驱除蝇类、蓟马等，还能够增加番茄的风味。

另外，北京地区最好用的防虫植物非万寿菊莫属，这种味道有点刺激，被称为“臭菊”的菊科植物，根茎和叶片中所含的挥发性成分，能够驱除线虫。

抽薹

蒜薹、韭薹都是很常见的风味食材，其中，在初夏收获的大蒜，贡献的便是蒜薹这一味，即使不是为了吃，也得认真地把这项工作做好，否则，一旦蒜花盛开，大蒜的产量便会受到极大的影响。

小心地剥开青蒜叶，用几个指头捏住蒜薹的根部，轻轻往上一提，恭喜您，获得彩蛋食材一根。

芒种

紫茄白苋

古人取『有芒之种谷可稼种矣』来为这个节气命名，所谓有芒之谷，指的是麦、黍、稷等禾本科农作物，在城市人的小菜园里，显然很难去种植它们，好在我们可以用各色丰盛的蔬果，来呼应这个热情的节气。

西红柿、黄瓜、茄子、菜豆、南瓜……唯有初夏阳光，能点染出这一片红绿紫白的斑斓。从春入夏，瓜果取代了绿叶菜，成为收获的主角。

季节风物

苋菜

家苋与野苋

在各种田间杂草防治手册中，苋都是不会缺席的一员。广泛分布于各地的苋属野草，包括了反枝苋、凹头苋、皱果苋等，而我统一称呼它们为野苋。

与野苋相对的，自然就是家苋。所谓家苋，其实也不怎么“家”，与甘蓝、菜豆、生菜等商业育种程度高的蔬菜不同，我们在超市能买到的苋菜，多半是各地长期种植后形成的特色品种。

一方风土，一方吃法

苋菜真的是一种古老的食材了，在《尔雅》中就有“蒉,赤苋”的记载，在印度和中南美洲，它也是有悠久历史的，但是，不同区域食用的部位和方式却有明显差异。在中南美洲一带，主要食用的是苋菜籽，苋菜籽营养价值很高，特别是含有谷类所缺乏的赖氨酸，与当地另一种网红食材藜麦有异曲同功之处。而在南亚一带，苋菜则连茎带叶，依据当地烹饪方式，炖成一锅。

野性十足的蔬菜

在炎热的夏天，露天种植的大部分绿叶蔬菜都要退场了，只留木耳菜、空心菜、苋菜和诸瓜果一起撑场面，好在这老几位各有特色，倒也不显得单调。

北方在4月上中旬的时候播种苋菜，早了不行，低于10℃它出苗困难，但是也不用心急，苋菜长得很快，一个多月后就可以收获了，正好在端午节的时候上餐桌。

而在江南一带，由于天气暖得早，苋菜在立夏的时候就可以上市了，是与茭白、蚕豆并列的立夏三鲜。

芒种：生命的自然行进

时至芒种，春花凋谢，所以，古人有此日饯送花神的习俗，听起来有点耳熟？没错，著名的"黛玉葬花"就是发生在这一天，当女孩们在大观园里欢笑嬉闹送百花归去的时候，黛玉一个人落泪葬花——嗯，从农业科技的角度来看，收集落花埋于地下，这不就是原始的堆肥嘛，最好能再掺点树枝进去，提高肥堆的透气性，有利于发酵。

当然林妹妹是万万不会想到堆肥这种下里巴人的事情，而菜农在春夏之交的时候，也完全顾不上这事，在这个季节更替的时候，生机勃勃的菜园里，实在有太多事情需要打理。比如要给抽条的黄瓜拉好细绳，供它攀爬；要赶紧消化大棵的生菜，以免抽薹；要管好四处延伸的南瓜们，排好队，顺着一个方向前进；辣椒、菜豆、苦瓜、茄子、空心菜、木耳菜……在初夏，天气温热，光照充足，蔬菜们的生长是爆发式的，此起彼伏，菜农就算生出四只手，还是有忙不过来的感觉。

一抬头，啊，春去夏至了。一眼看不到的地方，几棵茼蒿迅速蹿高，开出满头金黄的小花。坦白地说，我留下它们，可不只是贪图美色，当花开过了，就会结籽，挑选饱满健壮的种子，晒干留存，等到秋播的时候，就可以拿出来使用了。

虽然这种自己留种的小农耕作方式，并不适于现代化的农业生产，但仍然推荐一试。特别是当地有悠久种植历史的常见蔬菜，比如菠菜、葱、莴苣、油菜这些，在一代又一代的传承中，菜农能获得的成就感，是呈几倍增长的。

自己种菜的乐趣，不仅仅在于收获丰盛的果实，也在于从种子到果实，再到种子，去参与和感觉这种生命的展开与延续。

所以，我推测住在稻香村，自号稻香老农的李纨，就一定不会为落花而感伤，没有花谢，哪有果结？这是生命的自然行进。满园繁花固然是盛景，然而，青果掩映于绿叶间，偶尔闪现的时刻，才最令人满怀期待啊。

芒种节气

古人取“有芒之种谷可稼种矣”来为这个节气命名，所谓有芒之谷，指的是麦、黍、稷等禾本科农作物，在城市人的小菜园里，显然很难去种植它们，好在，我们可以用各色丰盛的蔬果，来呼应这个热情的节气。

西红柿、黄瓜、茄子、菜豆、南瓜……唯有初夏阳光，能点染出这一片红绿紫白的斑斓。从春入夏，瓜果取代了绿叶菜，成为收获的主角。

西红柿

作为超市四季有售的蔬菜品种，西红柿的时令感早已变得淡漠，然而，被盛夏阳光晒熟的果实，滋味是完全不同的。

4月移栽，5月生长，到了6月初，长势壮的苗已然结出了小青果。在这个时候，除了水、肥的照料外，还需要不断地抹去新生的侧枝。

紫苏

从芒种开始，紫苏进入盛产期，但有一点小小的烦恼，假如不及时剪收，它会一边生长，一边开花结籽，导致风味略有逊色。所以，在这个时节，对紫苏的照料重点是持续采收嫩梢，一旦发现花穗抽出，立刻剪去。

穿心莲

最初作为观赏植物引进，后来被发掘出了食用价值，成为夏季的时令蔬菜之一。

穿心莲是阳台懒人菜园的好选择，从4月底到7月，都可以进行扦插。剪手指长短的新鲜枝条，稍微晾干切口，就可以种植了。

洋葱

芒种时分，蒜和洋葱差不多同时迎来了收获季节，在踩秧（即在洋葱叶开始干枯发黄时，将苗踩倒，有利于营养向根部集中）后，洋葱长得更为肥硕了。

收获地下作物的心情既兴奋又忐忑，那种“开宝箱”的感觉是种植其他蔬菜很难体会得到的。

芒种农事

自己留种

在漫长的小农时代，自己留种是很常见的事情，从每年的收获中，选择大而饱满的颗粒留下来作为种子，慢慢地进行着品种优化。而进入到现代农业社会之后，分工精细化，由专业种子公司培育良种，出售给种植者。从大局上来说，这种分工是时代发展的需求，不过，业余种植者偶尔尝试下自行留种，既是乐趣，也可能带来惊喜。

绑蔓、绕绳

持续结果的藤蔓蔬菜是夏季的主力军，为了提高产量，绑蔓是必要的一个环节。将蔬菜的藤蔓绑在竹竿上，提供必要的支撑，让它们能够以直立生长的方式，获得更多的光照能量。细绳则是在有棚架等支持物的前提下更好的材料。比起竹竿来，它的直径更细，遮光更少，而且质地柔软，可以与藤蔓更紧密地缠绕在一起。

摘除老叶

蔬菜生长，要通过浓密绿叶进行光合作用来获得能量，然而，随着叶片的衰老，它的光合效率会越来越低，所以，对很多持续收获的瓜果类蔬菜来说，摘老叶就成为一项重要的农事劳作。

预防天气灾害

芒种时节，正处于春种秋收的关键节点上，偏偏此时最容易遭遇突如其来的灾害天气，这对于露天种植的作物造成的损害是相当严重的。

所以，在芒种期间，密切关注天气预报，及时做好应对防护是第一要务。受灾后及时检查蔬菜状况，做好补救工作。

夏至

新面迎夏

在北方生活，有个始终难解的困惑：有什么节日是不用吃饺子庆祝的吗？

好不容易盼到了一个讲究吃面的夏至。

吃面是有现实基础的，『洛下麦秋月，江南梅雨天』。夏至时候，北方大部分区域新麦成熟，做成面条，正是时令风味。《舌尖上的中国》里拍过一段麦客生活，白天收的麦，晚上就做得了面，挑起的那一筷子，简直隔着屏幕都能闻到粮食的芳香。

而『面条』这个形式，还有更多的内涵。冬至主藏，所以饺子是包起来的，而夏至阳气极盛，所以，面要切成条状，正合发散之意。

季节风物

冬瓜

夏吃冬瓜

为什么要把一种夏初就开始收获的瓜称为冬瓜?

答案已不可考证。目前比较常见的说法有两种：一种说是冬瓜皮厚耐放，可以一直储存到冬天；一种说是成熟的冬瓜身披白霜，有冬寒之气。

我觉得后一种更可信些，冬瓜从夏到秋都有收获，在常温环境里大约放一两个月是没问题，但很难想象古代人如何把它储存半年。

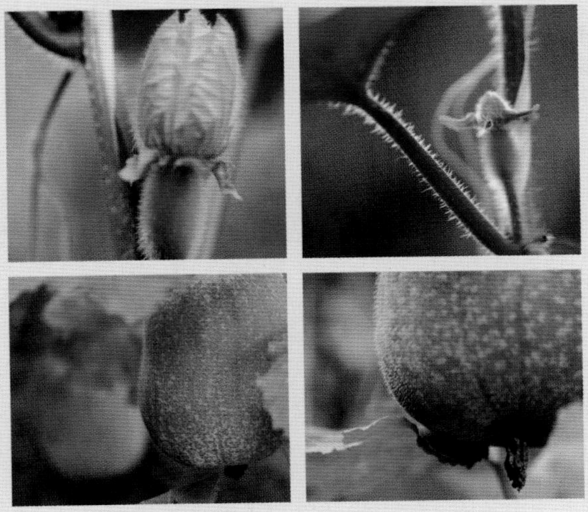

《寻味顺德》里的节瓜

《寻味顺德》是一部令吃货们津津乐道的美食纪录片，第一集就提到了“白灼节瓜”这道时令菜，一早摘下的黑绿节瓜，中午已经被端上餐桌，清淡自然的本真滋味，隔着屏幕都令人食指大动。

节瓜是什么？节瓜是冬瓜属目前唯一发现的变种，它和冬瓜的关系，类似于油菜与大白菜。其名得来是因为藤蔓每节生一瓜，产量喜人。果肉鲜甜软嫩，含水量极高，几乎不含脂肪，在气候炎热的南方，是相当受欢迎的时令食材。

好大一只美容瓜

本身个头壮硕的冬瓜，却是一种有效的减肥食材。《本草纲目》中有记载：“主除小腹水胀，利小便，止渴。”现代科学研究则证实，冬瓜中含有一种名为丙醇二酸的物质，它能够抑制糖类转化为脂肪，所以，冬瓜是最常见的减肥茶饮配料。

其实冬瓜对于女性的特殊贡献不止这些，冬瓜子还是一种美白食物，传统医书上有多种用法，比如以瓜瓤煎汤洗脸，或者将冬瓜仁炒熟研成粉末，每天服用。用科学的语言来解释，冬瓜子含有丰富的亚油酸、瓜氨酸、皂苷等成分，确实可以起到消炎、润肤的作用。

夏至：端午花正红

每次我听到老太太念叨“冬至大如年”的时候，都想问她：“那您把夏至摆在什么位置呢？”

但始终没问过，我怕她答不出来会恼羞成怒。

按照中国人对于时令的尊重，夏至也是一个需要隆重对待的大日子，至少在上古时代，它曾被称为夏节，只不过后来，慢慢地演变成了端午节——是的，我更相信端午脱胎于夏至的说法，因为对于寻常百姓来说，固定的日子更便于记忆。

而对于今天的都市人来说，无论是夏至节气还是端午节，都需要时令风物的提醒。当快递开始频繁地往办公室送粽子礼盒，才意识到端午节快到了。而在田间劳动的我，看到蜀葵花开，也会恍然醒悟，夏日又至。

蜀葵，是初夏的花，又名端午花。清代记录苏州地区节令风俗的书《清嘉录》里提到过：“五日，俗称端五。瓶供蜀葵、石榴、蒲蓬等物。”高大的宿根草本花卉，花朵极其艳丽，顺着茎干一朵朵开上来，开如肃锦夺目。

我对这种花有些特殊的感情，每逢在文艺复兴时期的作品中看到它的身影时，总会默默问好，在原产中国的观赏植物中，蜀葵堪称是传播最广的一种。当年的植物猎人把蜀葵带回欧洲后，惊艳四座。一个明显的证据是，在文艺复兴中后期，大量画家的作品中都能找到蜀葵，一直到19世纪印象派的画作中，它仍然鲜亮醒目。

蜀葵原产哪里？四川。一个“蜀”字，早已标明它的出身。这种宿根植物，顶得住严寒酷暑，耐贫瘠干旱，适应能力超强，即使在街边道旁，也能够繁衍成片。

蜀葵的好处是株型高而挺拔，可以长到2米多，大而鲜艳的花朵贴附茎节而生，此起彼伏，从5月中旬开始进入盛花期，一直持续开到6月底，在春夏之交的低潮中，是鹤立鸡群的存在。

吃几口糯而甜的粽子，赏几眼红艳似火的蜀葵，夏至和端午，我就这么打包度过了。

夏至节气

令人一见就想到夏天的时蔬，还有哪些？我想，空心菜、木耳菜、苋菜、苦瓜、西红柿、茄子、黄瓜、秋葵、毛豆……这些都应该在名单上吧。

即使农业科技和物流高度发达，大部分蔬菜都能实现四季供应，但我们仍固执地认为，某些蔬菜，就应该在某个季节吃。

土豆

过了夏至，就有新鲜的小土豆吃了。

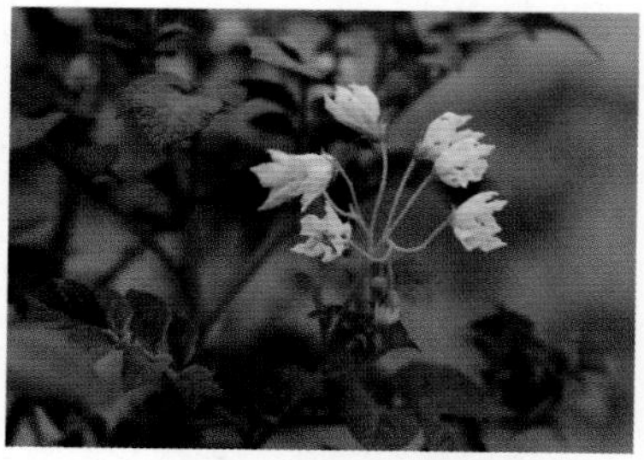

看着土豆花开过，差不多大半个月后，就可以考虑收获了。如果心急，早点刨出来，土豆个头略小，洁白幼嫩。这样的小土豆，只推荐一种烹饪方式：白水煮来吃，称得上是皮薄肉细，甜香浓郁。

救心菜

学名叫三七景天的救心菜，因为对心血管疾病有一定的针对效果，是中老年朋友圈经常出现的“神奇食材”。

其实在我看来，它就是景天科的普通一员，种植难度也和大部分景天一样低。只要能找到准确的种苗或枝条——景天科成员繁多，容易混淆，基本是插在土里就能活。菜市场如果能买到够新鲜的，也可以直接用来栽种。

薄荷

皮实又好活的薄荷，实在应该是小菜园中必备的基础品种，随意找个角落，埋下几根种茎，要不了多久，就能繁衍出一片，而且能够露地过冬，有着野草般的生命力。

叶甜菜

叶甜菜指的是甜菜家族中以食用叶片为主的品种，叶色又有绿、红、黄、奶白等区别。

3月底的时候可以播种，4月中旬定植，大约40~50天后，就可以采收叶片食用了，夏季高温多雨时长势会变差。

夏至农事

修剪香草

无论在干热的华北，还是在湿热的江南，欧洲香草的度夏问题都是个大难题，习惯地中海式气候的它们，对高温、暴晒、闷湿的酷暑适应不良，不过，还是有一些措施，能够对情势有所改善的，齐根修剪——俗称“剃头”，就是不错的一招，对薄荷、香蜂草和龙蒿尤为有用。

授粉

夏至时候，正是各种瓜菜的初果期，如黄瓜、冬瓜、南瓜，都是异花同株，花分雌雄，虽然可以通过自然授粉（虫媒）挂果，但如果能加上人工授粉这一辅助步骤，结果率会更高。特别是一些杂交培育的新型品种，更是需要做好人工授粉。

清除病株

有机种植从某种程度上说，真的是靠天吃饭，即使照料得再精心，也无法保证蔬菜百分百健康成长，发生问题有些可以补救，有些则需要采用“壮士断腕”的方式来解决。

霉菌感染的问题是最头疼的，它又分为土壤传染、空气传染等类型，根据具体情况具体处理，但有一条原则是相同的：一旦发现感染严重的病株，务必及时清除，后续再根据情况，采取消毒措施。

清除杂草

杂草实在是露天种植者最大的敌人，而且不同阶段，麻烦还不尽相同。夏至时节，阳光充足，雨水也多，杂草会进入可怕的爆发式生长阶段，短短几天，就足以长成与蔬菜齐头的壮苗，要是再不清除，它们就会喧宾夺主，直接把一片菜地变成荒草地。所以，夏至除草的要诀就是勤看勤动。

考验种植者，也考验植物的酷暑到了

依依不舍地告别温季蔬菜！

瓜、茄、豆、柿成为当仁不让的主角！

高温、暴晒和突如其来的大雨，这是真实的夏季！

与野草奋战不休！

小暑

绵绵瓜瓞(1)

《月令七十二候集解》：『暑，热也，就热之中，分为大小，月初为小，月中为大，今则热气犹小也。』

要我说，这个小暑的小，真是太谦虚了。

『夏至三庚数头伏』，以中国传统的干支纪日为计算依据，夏至过后的第三个庚日，是初伏的开始，过了小暑，就是一年中最热的三伏。所谓伏，有潜伏、伏藏之意。古人没有现代人的避暑条件，只能采用最朴实的方式应对，在炎热的夏天，减少外出，避暑纳凉，谓之伏。

入伏，但作物欣荣。蔬菜的供应在小暑节气会有明显转变，喜温畏热的春季蔬菜急剧减少，但冬瓜、南瓜、苦瓜这些夏季当令的瓜菜，却以前所未有的劲头生长，绵绵瓜瓞，着实配得上这热情的季节。

季节风物 倭瓜

打东边来了个倭瓜，打南边来了个番瓜

以前听过一个关于北瓜的笑话，说是当年东、西、南的瓜商量着，把那些歪歪扭扭的瓜统称为北瓜，北不乐意了，凭什么呀，叫它们倭瓜！

这个笑话当然是虚构的，但把那些长相不够圆整的南瓜称为倭瓜，确实是有点外貌歧视的意思。

在大航海时代，全球作物交流进入前所未有的大发展时期，许多南美洲的作物都是在这个时候进入中国的，南瓜也不例外，而且，分几路传入。从东边来的，被称为倭瓜，从南边来的，就叫番瓜或者番南瓜。至于为什么一部分南瓜长相端正，而另外一些就长得歪瓜裂枣，科学家说了，这是基因突变的原因——“南瓜属种间的形态学差异是由于基因的突变，而不是染色体数目所引起的”。

倭瓜是秋天的食材？不

一说到南瓜就想到金灿灿的秋天？虽然没错，但是南瓜其实是从初夏就开始有收获的食材。

清明前后，种瓜点豆，这里的瓜主要指的就是南瓜类，包括长相扁圆的传统南瓜和形状各异的倭瓜。

大约在5月中旬，倭瓜藤蔓开始展开，开出喇叭状的黄色花朵，小小的倭瓜掩映在绿叶间，以肉眼可见的速度生长。这时候的嫩倭瓜，摘下来，或炒或炖，也可以擦丝做成各种花样面食，是夏天最接地气的原味食材。

到了夏末的时候，挑几个大个儿的果实留下来，黑绿色的瓜皮会慢慢被风吹日晒成棕黄色，果肉也从青绿变成了金黄，待到秋风萧瑟时摘下来，就是可以储存一冬的老倭瓜了。

小暑：日出而作

不得不说，比起古代的农民来，现代人还是享有很多便利的。比如说，借助天气预报软件，在整个夏季，我基本能实现精确的“日出而作”。从4:30左右日出，到8点钟气温升高，清晨的这两三个小时，是夏季劳作的黄金时段。

浇水、除草、采摘果实、剪除老叶……在夏季，这些活都最好赶在清晨完成。这既是蔬菜的需求，也是人类的需求。清晨采摘的瓜果最鲜嫩；清晨浇水蔬菜适应得最好；清晨剪除老叶可以避免创口受到暴晒感染。最重要的是夏季的露天劳作，唯有这段时间堪称惬意。

其实，黄昏时候风景也很美，但是一则经过整天的日晒，菜地里的闷热感很浓重，二则由于采用有机农法种植，菜地里的蚊虫猖獗，天黑前那段时间尤为猛烈，偶尔赶着晚间移栽一些小苗，半小时就被叮得满腿包，就问你服不服？

还是清晨好，经过一晚的休息，蔬菜们也显得精神抖擞，顶着晶莹的露珠跟我互问早安。特别有趣的是，在黄瓜、倭瓜这些蔬菜宽大的叶片上，露珠会自动沿着边缘，形成神奇的珠串效果，看过一百次还是觉得很神奇，特别想和黄瓜打个商量：“喂，你的水晶手链借我戴下，行吗？”

蝴蝶、蜜蜂和喜鹊也都起得很早，有了前两位在花丛间来回穿梭，就省下一项非常重要的劳作：授粉。在现代农业的商业规模种植中，经常由于缺少蜂蝶授粉，而需要人工进行或利用药物刺激坐果。特别是像甜瓜、苦瓜这些雌雄同株异花的植物。现在，有了蜜蜂帮手，我就可以坐享其成了。再有喜鹊在高枝上叫几声，虽然是迷信，也觉得今天肯定会有好事情发生。

东奔西跑地忙活着，时间不知不觉就过去了，等到太阳照在脸上有灼热感时，就该撤退了。

也并不急着回家，菜地的边上，有两排核桃树，找块树荫坐下来，擦一把额头的汗珠，看着筐里满满的瓜果茄豆，那一瞬间的感受，确实可以借用“逍遥于天地之间，而心意自得”来描摹。

小暑节气

暴雨、台风、冰雹、持续高温……天气多变的7月，随时都为露天种植的蔬菜捏着一把汗，准备好各种应变措施，在需要时及时展开救助。

而在享受丰收的同时，下一轮劳作又近在眼前了，在长达一个半月的秋播期里，如何妥贴地安排，统筹劳作，这也是颇费脑力的事情呢。

忙，并快乐着，这就是小暑的节奏。

秋葵

自非洲引进的喜热蔬菜，因为独特的营养价值和口感，近几年格外受到欢迎。

小暑节气正是秋葵的盛产期，不过，种了秋葵可就不能犯懒，每天都要检查，发现有新长成的秋葵要立刻采收，它是只要迟收一两天口感就会显著变差的食材，而且，成熟的果实留在枝头也会消耗植株的营养。

香茅

在北方种香茅虽然不像亚热带那样便利，但难度也不高，4月底的时候网购一些香茅种苗，露地或花盆栽种都很容易成活，最大的优点是生长速度极快，在盛夏的时候，一个月就能从几茎长成一大丛，一丛就足够满足全家需求。

苦瓜

苦瓜通常在3月底开始育苗，由于种皮较厚，所以发芽期相对较长，而且藤蔓较其他瓜类细弱很多。不过别担心，苦瓜在夏季会显示强大的生命力，大量开花结果，从小暑开始进入盛果期，收获期会一直持续到出伏。

茄子

茄子需要长日照和足够高的温度，所以，直到小暑前后，才进入旺季，只要保证足够的水肥，从开花到结出长度盈尺的茄子，只需要六七天。

茄子株型高大，最常见的紫色长形或圆形茄子，都能长到半米多高，比较适宜地栽。

小暑农事

遮阳

夏季，太阳直射的热量，再加上土壤的吸热、反射，会导致地面温度过高，对植物根茎部造成伤害。其次，过于猛烈的紫外线会造成叶片、果实的灼伤。所以，夏至过后，迟至小暑，正午前后，采用遮阳网等类似的遮盖物，对部分蔬菜进行必要的遮阳，是一项重要的农事。

防涝

进入小暑节气后，防涝是需要时刻注意的。好在小块露地种植相对难度较低，土壤本身具备一定的渗透性，还可以采取挖排水沟或垫高种植地块等方式。露天盆栽的各种植物，则需要及时检查排清积水，必要时采取遮雨措施。

育秋苗

从小暑到处暑，约一个半月的时间里，秋播工作会陆续展开。通常来说，生长期长的果豆类、大株型蔬菜需要算准日期，尽量提前播种或育苗。头伏萝卜二伏菜，这是华北地区种植大萝卜和白菜的农谚。而赶在头伏之前，像卷心菜、芥蓝、西兰花这些甘蓝类蔬菜，为了抢出足够的生长时间，通常会在7月初就开始育苗。部分耐热品种的胡萝卜、生菜、芥菜，在7月上旬也都可以着手了。

清理烂果

在高温闷湿的天气里，果实因为碰撞、雹害、刮擦导致的小伤口，极易导致大面积溃烂，从而影响整株长势，并且会迅速地传染邻近植物——最典型的代表就是西红柿。所以，每天清晨的例行检查必不可少，摘除出现裂口和腐败的果实，做深埋处理。

特别篇 节气食俗

『人言常食饮，蔬茹不可忽。紫苏品之中，功具神农述。』

——宋·章甫《紫苏》

小暑：紫苏陈皮饮

《本草纲目》中说：『紫苏嫩时有叶，和蔬茹之，或盐及梅卤作菹食甚香，夏月作熟汤饮之。』作为夏季常见的香草类蔬菜，紫苏的芳香气味足，紫苏能够开胃，而它所含有的挥发性成分，又具有解暑、发表的效用，以紫苏叶煎汤或泡茶饮用，是自古就有的验方。

陈皮的作用是健脾，去燥湿，配合紫苏煎汤，能够化解湿气，解痰，止咳，对热伤风也有一定的防治作用。

①摘10片紫苏嫩叶，洗净。

②略揉捏叶片，令紫苏香气散发。

③清水煮沸，下陈皮，煮3~4分钟。

④下入紫苏叶，略滚即可。

⑤依个人口味加入红糖。

⑥装入杯中。

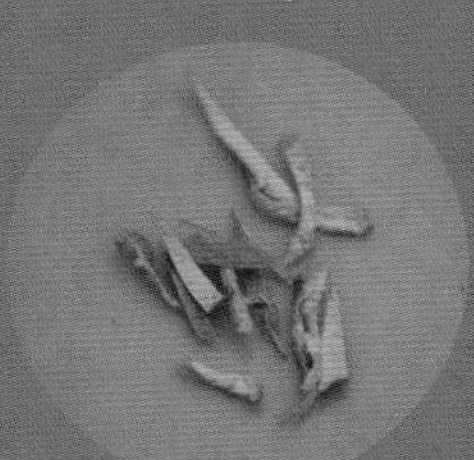

大暑

绵绵瓜瓞(2)

『大暑至，万物荣。』

人类觉得暴晒酷热的天气，对大部分植物来说，却是如鱼得水。所以，在热而多雨的大暑节气，园子里的植物都在疯长。特意留出的小径，几天不走，就被蔬菜和野草合伙遮挡得找不到踪影了。

天生万物，繁荣的不只草木，还有蟋蟀、蜗牛、蜘蛛、螳螂、马陆、瓢虫。抬头去摘挂在高处的瓜果，稍不注意就被蜘蛛网糊了一脸，往脸上一摸，不料，手上多了几只干瘪的苍蝇。

好吧，万物平等，这一片小自然，属于我，也属于它们。

季节风物

红薯

种薯得薯叶

种红薯可以收获两种食材：一是地下的薯块，二是地上的嫩梢，有的地方叫红薯叶，有的地方叫红薯尖，在以前是不登大雅之堂的乡间土产，而现在则是人气养生食材。

如果只以收获红薯叶为目标，那这可真是一种特别好种的菜，红薯对土壤的适应能力特别强，只要保证日照、高温和适当的灌溉，它就能长得枝繁叶茂，藤蔓四处伸展，一棵就足以遮住几平米的地面。随手一掐，就足够一餐所需。

随手种

在农业规模种植中，红薯的育苗是相当有讲究的工作。但作为庭园菜蔬种植或者只是盆栽，家里有发芽的红薯，切块或整只埋下去，过几天就能看到薯芽冒出来。

把这一盆认真地养下去，或者是等它枝叶繁茂后，剪几条健壮的，就可以直接作为秧苗，移栽到光照充足的种植地上。

十多天后，新生的叶片已经悄然长出，恭喜您，获得新的红薯植株。

翻秧还是提蔓

在红薯的种植技巧中，有一项务必要学习，那就是提蔓。

红薯的藤蔓匍地生长，会发出大量气生根，虽然有助于枝繁叶茂，却会消耗营养，影响薯块形成，所以，在民间一直有翻秧的传统，即定期将藤蔓翻转避免扎根。我开始学的也是这招，但是很快就在资料中看到，翻秧会使叶片受光率下降，正确方式应该是提蔓，即轻轻将已生根的藤蔓从土中提出，然后，再尽量放回原位。

大暑：食不厌粗

“食不厌精，脍不厌细。”孔老夫子这句话千百年来被吃货们奉为人生指南。然而，在分子料理遍地开花的都市里，我倒觉得，人有必要多吃点粗的。

不仅仅是从营养角度出发，当然，这是很重要的一条。各种精加工的食物，追求的是模式化的讨好口感，损失的却是各自独特的营养成分。吃粗粮、吃杂食，吃全食物（Whole Food），这种健康饮食的潮流，正在被越来越多的人接受。

而我从种菜生活出发的“食不厌粗”，更像是一种混合了物质与精神的个人感受。

比如在盛夏的时候，餐桌上常有一盘炒红薯叶、炒丝瓜尖、炒南瓜尖或是凉拌马齿苋，这些田间气息十足的食材，总令我有一种“脚踏实地活着，真美好”的幸福感。

南瓜尖是夏天很容易刷出的“彩蛋”食材之一，时至大暑，日照足，雨水多，南瓜的长势极其旺盛，留下结瓜的枝条不要剪，其他的枝条尖梢可以随意剪上几条，就足够炒上一盘南瓜尖的。

新生的南瓜叶摸着毛茸茸的，炒熟之后滋味难以描述，既鲜嫩，又格外有嚼头，咽下去的时候，嗓子眼还能略微地感受到一点粗砺，那种野生食材蓬勃的劲头，是其他绿叶蔬菜难以比拟的。在南瓜尖、丝瓜尖、佛手瓜尖等诸般瓜尖中，我觉得南瓜尖吃起来最为过瘾。

类似的还有野苋，虽然特意种了紫绿相间的狭叶苋，看到随地发出的绿色野苋，却还是忍不住采一把，滚水烫过，凉拌时多加蒜末，这种野性难驯的食材，与重口味调料还真是相当合拍。

除了食材够粗，在40℃的高温里，细细做菜的心情似乎也消失无踪了。深秋的时候，为了做一个狮子头，我可以花两个小时去处理荸荠，削皮、切片、斩成碎粒。但在大暑时分，厨房里的画风很自然地变得简单粗暴起来：黄瓜拍一拍；冬瓜切块直接炖；西红柿洗干净直接吃；茄子十字刀一切就进烤箱……

季节对人的影响，可真是润物细无声啊。

大暑节气

时至大暑，进入一年中最热的三伏天，再勤劳的菜农也被太阳晒得头发昏，但园子里却是一片欣欣向荣。“君看百谷秋，亦自暑中结”，经历了春夏之交的更替，新一拨夏季选手正值当打之年，长叶、开花、结果，好不热闹，虽然正午阳光最烈时，枝叶也会恹恹得没有精神，但太阳落山，清晨再来看，又是精神抖擞的一群好汉。

过了大暑，秋天就要来了。

新西兰菠菜

一提到番杏科，人们先想到的是那些萌萌的多肉植物，然而，这一科的代表品种其实是种蔬菜——新西兰菠菜，或者被简单地称为洋菠菜。比起菠菜来，新西兰菠菜的最大优势是喜热，在夏天菠菜长势不佳的时候，它却可以源源不断地收获。蔓生，成株可以长到非常大棵，而且不断地萌发新的枝条。

空心菜

这种起源地在热带多雨区的蔬菜，耐热，耐湿，还耐旱，在夏天的绿叶菜里，是一枝独秀的存在。

4月底播种，6月里就能吃上，赶不上这个周期也没关系，一直到大暑，都可以采用扦插的方式培植空心菜，剪下一截新鲜的枝条，插入清水，几天后就能发根，以此作为移栽用的种苗。

罗勒

从4月中旬到6月初，都是播种罗勒的适当时段，它从小苗长成壮硕的一丛，大约只需要50~60天，与百里香或是迷迭香比起来，属于绝对的速生型香草。

西瓜

播种和照料西瓜苗都很容易，难的是在开花结果后，如何让小西瓜顺利长成。

虽然失败远比成功的时候多，可每年还是心心念念地想挑战。

大暑农事

防治蜗牛

古人说大暑三候：“一候，腐草为萤。”萤火虫没见到过——那是种对生态环境要求相当高的小生灵，但蟋蟀、马陆和蜗牛真的是成群涌现。

在小块种植地治蜗牛，用生石灰最为简单有效，买些生石灰，围着蔬菜，撒出宽约30厘米的隔离带，利用生石灰的吸水性，杀死从此路过的蜗牛。

拉秧

拉秧指的是已经进入收获末期，将长势变差的蔬菜拔掉，清理地块。由于多指瓜、豆等藤蔓类作物，所以，用了一个形象的“拉”字。

拆除支架或绑绳，扯下枯萎的枝叶，刨出地下的根，堆成一团再做处理。这一茬的黄瓜、西葫芦、豆角等，成功落幕。

防霉烂

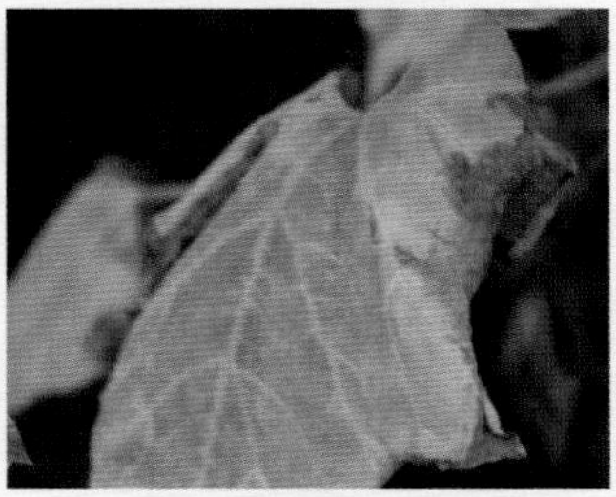

大暑节气时，降雨较多，雨后骤晴，形成“下蒸上烤”的模式，这种生长环境对蔬菜来说极为不利，既影响长势，又容易导致叶片、果实的霉烂。

解决的方法是加强通风，采取有效措施来降温，对已经出现霉烂迹象的部分蔬菜瓜果要及时清理，并且深埋以免感染其他蔬菜。

合理轮作

连作指的是同一片地块上连续多季种植同种或同科作物，这样会导致土壤营养失衡、特定病害高发等问题。所以，休耕、轮作就成为一种传统，在同一地块合理安排不同作物种植，以达到均衡利用土壤养分，保护生态环境的目的。

立秋

秋来籽黄

『垄香禾半熟，原迥草微衰』

晚唐诗人齐己的诗，描述了一个令菜农相当喜悦的现象，过了立秋，丰收在即，令人苦恼的野草开始衰败，秋季的田间劳作，称得上是事半功倍。

所以，在北京郊区种菜，秋播比春播更紧要，长达近三个月的黄金生长季节，舒爽的气候，害虫少，野草少，而收获却更为丰盛。

这可真是名副其实的金秋了。

季节风物 桔梗

秋之草，夏末盛放

性急的蓝色桔梗花，赶在小暑节气时就零星地开放了，此起彼伏的花，一直会延续到处暑时分，才让其他小伙伴们接棒。

然而，提到桔梗，人们仍然会说，“这是秋七草啊。”

源于《万叶集》的“秋之七草”，已经成为约定俗成的概念。所谓七草，没有什么名贵的品种，都是来自原野的花，摇曳自得，渲染出秋之色彩。

桔梗的自播

曾经尝试过一次，购买桔梗的种子播种，结果全军覆没。留下一个“这家伙不好播”的印象，去年秋末的时候，也就没有认真地收集它的种子，任由种荚在枝头枯干。

然后，今年春天就被馅饼砸中了。随风散落的桔梗种子，密密麻麻地发了芽，围绕着桔梗“妈妈”，一群小苗茁壮地成长着。我想起了一句老话：“有心栽花花不开，无心插柳柳成荫。”

吃，还是看

每年秋末的时候，都要做一道有关桔梗的选择题。

作为食材，它的食用部分是地下白胖的根，有点类似人参的长相，洗干净，切成丝，既可以直接用来烹饪，也可以腌制成泡菜，

然而，刨了根，就意味着明年春天还要重新播种桔梗，等它完成从小苗到开花的漫长过程。

如果留着，耐寒的桔梗在北京可以露地过冬，而且是春季最早萌芽的植物之一，在大部分野草还没有返青的时候，它已经绿油油的了。所以，吃，还是看，一直很难选择。

立秋：七月食瓜

大概是因为春、秋是两个比较温柔的季节，所以，中国人对待立春和立秋两个节气的方式，都是“咬一下”。

立春要咬春，原始的咬春方式是比较纯朴的，咬的是萝卜，借辛辣之气提振精神，生发春之气息。后来又扩展到咬卷进各种馅料的春饼。

相对来说，咬秋一直维持着原生态，西瓜、香瓜、菜瓜，在立秋节气，吃几块爽口的瓜，谓“咬秋”，又叫“啃秋”。也有些地方不拘瓜类，玉米、红薯等秋令作物也拿来照啃不误。

很难考证咬秋风俗起于何时，但至少在《诗经·豳风》中，就有“七月食瓜，八月断壶”的说法。这里的瓜是指什么瓜？肯定不是那时候还没有传入中国的西瓜，先秦时候种植的瓜，一个是冬瓜，另一个是很早就传入中国的甜瓜（为了与体型较大的冬瓜区别，又称小瓜）。

不过，我有一个揣测：这个时候的甜瓜，应该不是我们今天吃到的甜美多汁的白兰瓜或是伊丽莎白甜瓜，这些都是由近现代品种改良后才有的。原始的甜瓜更像是一种蔬菜，果肉脆爽，但甜度不会很高。

这么想起来，今天所说的菜瓜可能更接近于“七月食瓜”的瓜。

菜瓜是甜瓜的变种，各地普遍种植，但名称不一。就像《本草纲目》里说的：“越瓜以地名也，俗名梢瓜，南人呼为菜瓜。”我接连种过几季菜瓜，收获期正值夏秋交际，瓜藤爬满角落，结瓜能力相当强劲，这也正符合“绵绵瓜瓞”的描述。

菜瓜的一个优点是习性非常强健，成熟的种子落在地上，过不多久就能发出新的瓜苗。如果自己留种，品种表现也持续稳定。正是这样的瓜，才可能在交通不便的先秦时代就飘洋过海，从原产地非洲来到中国。

待得张骞出使西域，打通丝绸之路后，有了西瓜和黄瓜，到了唐代，又增加了丝瓜、苦瓜，至于乡土气息浓厚的南瓜，则要到大航海时代才传入中国。

有了这些五花八门的瓜，菜瓜也就慢慢地退出舞台中心了，只在不同的乡间，被一代代地延续下来，保持着它那质朴的风味。

立秋节气

住在城市里的人很难把节气和实际的感受对应起来，明明还是热得要死，秋意何在？然而对于每天田间劳作的人来说，节气的准确是毋庸置疑的。立秋一过，清晨的微风，真的有一丝清凉的意思了。

植物比人更能感受到这种细微的变化，精气神陡然一振，显示出与夏日不同的风貌。

豇豆

在所有的豆类蔬菜中，豇豆是营养价值最高的，主要在于它所含有的豆类蛋白不会引起肠胃胀气，过敏的可能性也小得多。

耐热、耐旱，豇豆是夏季最常见的食材，通常在4月上旬直接播种，到了小暑就能吃上了。不过，在高温季节，豇豆容易出现空籽荚，因为它的生长适温是在25~30℃。

丝瓜

丝瓜通常是育苗移栽，它喜热、喜湿，长势极盛，是种非常适合夏日种植的蔬菜。不过对于城市家庭种植者来说，它的问题是占地面积过大，盆栽要想丰收有一定的难度。

葱

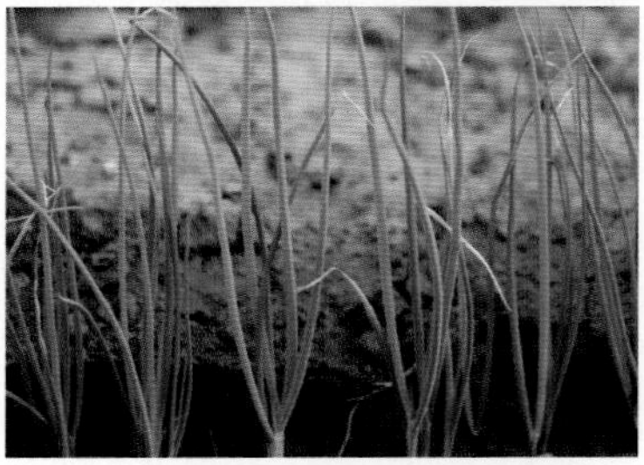

“立秋栽葱，白露种蒜”，葱是当年就能吃上的，而蒜，则是过了冬，来年春末，才能收到蒜头，这么一比较，还是种葱好。

立秋栽的葱，通常是指大葱。直接移栽春季育好的葱苗，细心照料，两个多月后，就能收获粗壮的大葱了。

线椒

作为一种生长期较长的蔬菜，辣椒的一生会超过6个月，甚至更长。3月育苗，4月移栽，开花，到小辣椒慢慢长成，然后再从绿色变成红色。这时候，已经是秋凉时节了。

摘下来的线椒要及时吃掉。

立秋农事

控新梢

控新梢、去老叶、摘掉多余的花，都是为了让蔬菜集中营养，在整个种植季都需要持续进行，只是每个阶段侧重点略有不同。到了立秋时节，控新梢变得最为重要。此时，许多藤蔓类蔬菜长势仍然很旺盛，但新生枝条已经很难挂果，只会徒耗营养，所以要及时掐去。

及时收获

错过最佳收获时段，不仅蔬菜的口感会受到影响，也会徒耗植物本身的营养，造成双重损失。

除了每日例行收获外，还要隔三四天对一些叶片较浓密的蔬菜进行仔细的检查，及时摘除老化果实（留种果除外），例如丝瓜、苦瓜、秋葵，最易出现这样的现象。

秋播

如果想在秋末收获自己种的大白菜和各种萝卜，那么一定要牢牢记住头伏萝卜二伏菜这句话。立秋节气通常被认为是最后的播种时期。大白菜和萝卜都是需要较长生长期的蔬菜，所以，千万不能错过播种的最佳窗口期。

防控虫害

立秋时仍处于暑热高温之中，易发虫害。以防为主，在播种前翻整土地，通过暴晒进行充分消毒。选择通风条件好的地块来育苗。苗期加强管理，避免过度干旱与湿涝。对小规模种植者来说，纱网罩护也是可以考虑的措施。

金子一般的种植季节，从现在开始！

延绵不歇地收获各种瓜菜，令人兴奋！
在长成之前，就可以先行享用嫩苗们！
持续的批量收获源源不断！
秋高气爽的劳作季，幸福感达到顶峰值！

处暑

新秋恰好

过了立秋，才是处暑，夏与秋的关系看起来有点儿糊涂。

或者可以这样比喻，两个节气就像两档连接的黄金档电视剧，前一部还没有终章，后一部已经开始放出预告片了。

立秋，是秋的预告。而处暑，是夏的终章。『七月中，处，止也，暑气至此而止矣。』

季节风物

向日葵

播种姿势的迷思

我和朋友曾讨论过一个问题，最终没有达成共识。诸如南瓜、西葫芦、向日葵这种分大小头的种子，播的时候应该哪头朝上?

我的选择是尖头朝上，感觉这样种子头轻脚重，在土里站姿比较稳。而朋友则喜欢大头朝上，他说这样发根的时候会直接扎入土中，节省营养。

但翻阅种植资料会发现，种子无所谓这种问题，正立也好，倒立也好，或者是躺着也好，它在发根的时候都能够自我调节，保证在差不多的时间发芽。

向日葵能长多高

由于向日葵和玉米种在了同一个区域，我有机会仔细地比较了一下这两种传统高秆作物，究竟谁长得更高?

结论是向日葵。玉米差不多长到2米就停下来结穗，而向日葵一路蹿到了3米左右，想要看清开在半空中的花，真得要努力地仰头才行。不过，不同品种的向日葵也有区别，普通的单头食用品种长得最高；其次是多头的红色观赏品种；而重瓣的观赏品种长得最矮，高度差不多只到成人的膝盖，就迅速地开花了。

零食之王

丰子恺在他的散文里就说过：“从前听人说：中国人人人具有三种博士的资格：拿筷子博士、吹煤头纸博士、吃瓜子博士。”就是在今天超市里的零食区域，葵瓜子也是要单占一个区域的，原味的、五香的、奶油的，近来又多了核桃口味、焦糖口味等新晋网红品种。

而对于菜农来说，最好吃的口味，是刚摘的葵花子。一个沉甸甸的葵花盘足以消磨半日时光，生葵花子独有的鲜润与清香，与炒货系列完全是两种风味啊。

处暑：江南可采菱

年少时读金庸小说，侠气纵横中偶见江南风情，不禁心向往之。比如段誉探燕子坞那一段，遇阿朱、阿碧，“清波之中，红菱绿叶，鲜艳非凡。阿碧顺手采摘红菱，分给众人。”

江南水乡，河沟纵横，当地多种菱、鸡头米等水生蔬菜，合称江南水八仙，特殊的地理环境所孕育的风味，在他处不可得见。好在，现在电商物流发达，夕发朝至，作为吃货的那部分需求，得到了很大的满足。

然而，作为菜农的那部分需求，却仍然空悬。想在北京种水八仙？那真是个难以实现的梦呀。到目前为止，我的最高成就也只是在种荷花用的那个大瓦缸里，栽了一小撮荸荠，水面上绿叶如线，挺拔生姿，可惜气候所限，结不出荸荠，只能当观赏绿植养着，聊胜于无。

至于像菱角、鸡头米这样需要广阔水面的浮水蔬菜，实在一点儿也高攀不上了，什么“水面细风生，菱歌慢慢声”这样的采菱风光，只能靠脑补。

江南一带的菱角分很多品种，苏州出产的水红菱，肉细味甜，可以当成水果来生吃。而运到北方来的，通常是肉糯微甜的老菱，料理方式也很简单，煮熟后剥壳，浇上桂花酱即可，甜香袭人，菱肉糯粉。江南的初秋，就这样在北方人的唇舌间弥漫开来。

其实，北京的夏秋之交自有其美妙之处。天高云淡，气候舒爽，正是一年中最美的时候，亦有很多特色的风物食材，比如梨和枣，简直有“一叶知秋”的效果，在水果摊上看见成堆码放的酥梨，和还带着新鲜枣叶的青红马牙枣，不由自主就会想到：“啊，已经是秋天了呢。”

在几十年前，这种季节的转换更为明显，在老舍笔下的北平之秋，有“葫芦形的大枣，清香甜脆的小白梨，象花红那样大的白海棠，还有只供闻香儿的海棠木瓜，与通体有金星的香槟子……”

可惜，这些都慢慢消逝了。

处暑节气

对于植物来说，处暑最好的地方是昼暖，夜凉，在光照和热能充足的前提下，较大的温差非常有助于营养成分的积累。蔬菜的长势旺，味道也会变得更好。

对田间劳作的人来说，处暑是秋季最为繁忙的时段，在丰收的喜悦里，是完全停不下来的节奏！

蛇豆

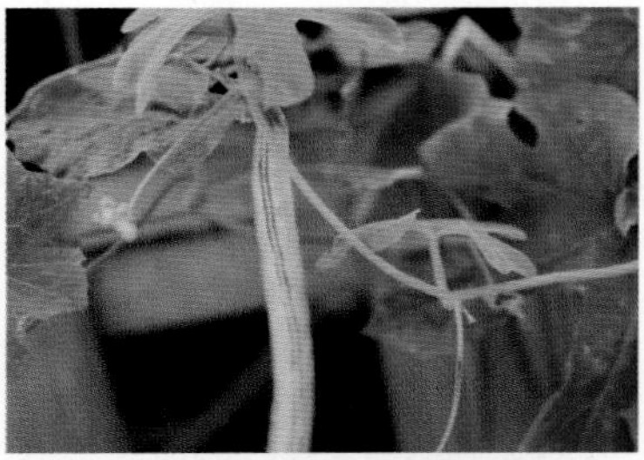

蛇豆的长相确实很有迷惑性，再加上这个名字，很多人都真的把它当成一种长豆角，但它其实是只瓜——葫芦科栝楼属的瓜，和南瓜、瓠瓜是表兄弟。种起来和南瓜一样容易，喜热喜湿，春末直接播种，7月底就能收获了，长而细的果实从藤蔓上垂下来，青白色的瓜身上还有绿色的条纹。吃法可参照嫩南瓜。

砍瓜

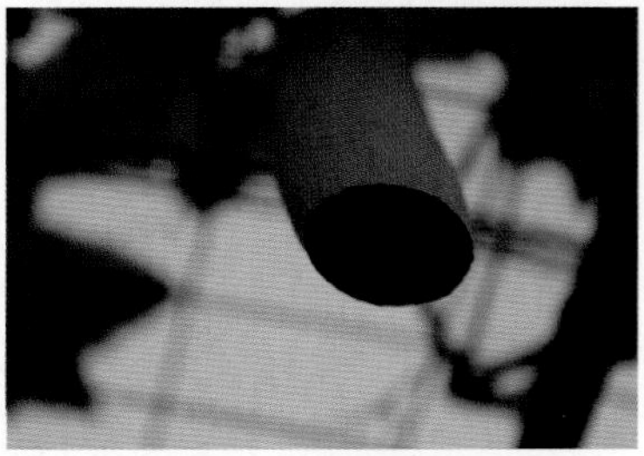

砍瓜是南瓜的一个变种，呈长圆形，吃的时候可以直接砍下一截来，然后切口处会迅速渗出大量黏液，形成深色的保护膜，剩下的瓜体不会受细菌侵蚀，仍然还可以接着生长。这个有趣的特质在蔬菜中是独一无二的。

快菜

快菜因为生长期短，收获快而得名。从蔬菜分类上来说，它是一种半结球型速生白菜，比小白菜长得大，又不像大白菜那样需要漫长的时间来积蓄营养，结成叶球。

在夏秋之交，快菜是填补绿叶菜空白的上佳选择，从播种到收获只需要三四十天。

小白菜

在夏末成片撒播的白菜，过了处暑就开始间苗了，以便培育出最好的白菜。由于白菜植株壮硕，所以，大部分菜苗都要被拔掉。

拔掉的小白菜，就是处暑到秋分之间的时令食材。

处暑农事

间苗

“处暑不间苗，到老长不好”，在处暑时节，头伏和二伏播种的秋季大宗蔬菜刚好处于苗期，这时候的重头工作就是间苗，拔除弱苗、病苗，按照成株大小，留足空间。

种植消毒植物

现代农业面临的一大问题，是长期连作带来的土壤环境差。小规模的家庭菜园种植，也容易存在这个问题。轮作种植万寿菊便是一种简单易行的方法，可以直接播种，也可以在穴盆里育苗后移栽，这种植物习性强健，成活率很高，花叶均美。

每年春秋两季，在需要轮作的地块上种植即可。

中耕

如果把播种前的翻耕比作期末考试，那中耕有点像期中测验，它指的是在蔬菜生长期间，对土壤进行浅层翻锄、疏松，好处是能够增加土壤通气性，帮助根部更好地呼吸，又能够去除杂草，避免它们和菜苗争夺营养。此外，还利于提升土壤水分状况。

移栽定植

赶在7月底育苗的甘蓝、芹菜、豌豆等，到了处暑节气正好移栽。这些蔬菜既喜欢秋季凉爽气候，又害怕低温，在北京地区种植其实是个挑战。为了保证有足够的生长期，时间表一刻都错不得。

白露

八月剥枣

露水四季皆有，但不同季节的露水，气质迥异。

夏天的清晨，南瓜、黄瓜等水分蒸发量较大的叶片上，露珠会沿着叶缘形成一串晶莹的珠链。

而到了秋天，芦笋、韭菜花、胡萝卜这些细碎的叶片，似乎更得眼缘，细小的露珠结得密密麻麻，因为光线折射的作用，远远望去，白茫茫的一片，确实令人感慨『露从今夜白』。

再过二三十天，气温再降，这些露珠触手寒凉，那便是寒露节气了。

季节风物

核桃

自西域而来

如果没有张骞出使西域，我们的餐桌现在会是什么样子?

没有黄瓜、石榴和葡萄，没有蒜，没有香菜，没有芝麻和蚕豆，当然，也没有核桃。张华的《博物志》里说“张骞使西域还，乃得胡桃种”。

不过，由于核桃树的花不够美丽，所以在城市绿化和庭院种植中，不如蔷薇科果树应用普遍，我也是偶尔遇到了一个种核桃的邻居，才有机会从春到夏，观察到核桃树萌发、开花、挂果、成熟的过程。

青果慢慢长

核桃大约在春末开花，青色的穗状花序在绿叶掩映下很不起眼，稍不注意就错过了，直到某天突然看到小小的青果挂在枝头，才突然醒悟过来，核桃花季已过了。

从5月到8月，青色的果实缓慢地生长着，从小指头大小，长到鸡蛋大小，颜色也由青绿转为白绿。按北京地区的气候，大约在9月初的时候，平地种植的核桃果实就可以采摘了，山区则需要再等待几天。

吃货开青皮

文玩核桃近年来相当受欢迎，而每年的8月和9月核桃成熟时，“赌青皮”在古玩市场经常能见到。而要吃到新鲜的核桃仁，也必须经过开青皮这个步骤，坦白说，对于没有掌握相关技巧的吃货来说，这其实是件难事，所以基本都是买处理好的核桃，自己尝试纯为兴趣。

圆滚滚的核桃，要用刀精确剖开，稍不注意就会滑手。比较笨的方法是用小锤砸碎青皮，然后用手剥开——记得一定要戴手套，不然青黑色的核桃汁沾到皮肤上，既难闻又难洗。

白露：满架秋风扁豆花

对种菜的人来说，9月无疑是一段金子般的时光。秋高气爽，阳光充裕，田间的劳作变得有如郊游般愉悦。

新播的小萝卜、白苋菜、乌塌菜青绿分明，豆角、黄瓜、茄子维持着不错的产量，更有佛手瓜、扁豆这样，一定要到入秋才活力焕发的家伙，在那里迎风招摇。

郑板桥有这样一幅对联："一庭春雨瓢儿菜，满架秋风扁豆花。"其实，也是说秋天的瓢儿菜好吃。

何谓瓢儿菜？大概地解释，就是江南地区特有的一种小型白菜变种，与油菜类似，因其茎肥壮，弧度似瓢，所以得名。袁枚在他的《随园食单》里提到："炒瓢儿菜心，以干鲜无汤为贵。雪压后更软。"

雪压后更软——在零度低温的作用下，叶片细胞里的含糖量明显增加，细胞液浓度的增加有助于御寒，这是植物的一种自我保护。而对于吃货们来说，好处就是经过霜、雪压的菜，更甜，更嫩。不仅瓢儿菜如此，乌塌菜、黄心乌等各种小型白菜，都有这样的特征。

而在还没有那么寒冷的白露节气，扁豆算是时令风味。

和表亲菜豆、豇豆比起来，扁豆是个"巨无霸"，在适宜的气候条件下，长势极盛，不断地生出新的藤蔓，攀爬能力很强，顺着墙或者篱笆迅速地蔓延开来，在高处开出串串紫色的扁豆花。远远看去，蓬勃兴旺，所谓"满架秋风"，可能只是一株扁豆而已。

嫩扁豆有一股浓郁的清香，掐下来，切丝素炒一下就很好吃。绵软的豆荚里，偶尔出现几粒口感沙沙的豆子，初秋的滋味，就这样在唇齿间蔓延开。

另一种有满架效果的，是佛手瓜。在整个春夏它都长得不温不火，要一直等到早晚天气凉爽时，才会加快速度生长，嫩梢以肉眼可见的速度向上攀爬，等黄白色的小花开过，没几天，拳头大小的佛手瓜就挂满了瓜架。

虽然说春生夏长，但初秋菜园里的风景，比起春日最盛的时候也不遑多让啊。

白露节气

在“阴气渐重，露凝而白”的白露节气里，传统的秋收正在紧张地进行中，诸多适应凉爽气候的品种也开始爆长，早秋播种的蔬菜如甘蓝、萝卜进入了生长旺季，丰厚的收获，简直令人有点应接不暇了。

除了盘点这一年的收获外，为来年早作准备也是节气劳作的重点。

玉米

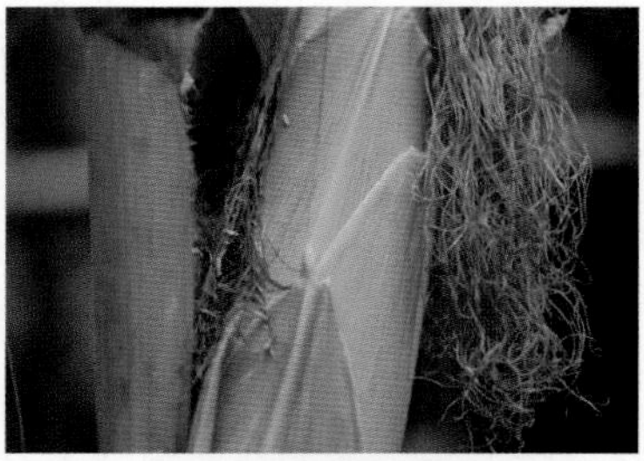

玉米是极少数适合在小菜园里种植的大宗农作物，从4月到6月，每隔大半个月播种一批，这样，从夏末到中秋，就都有新鲜的玉米可以食用了。

蒜

华北地区普遍在白露节气的后半段种蒜，秋播蒜的好处是生长期长，蒜头会长得更壮硕紧实。

也可以直接用菜场买的蒜头来种植，挑选饱满的蒜瓣，尖头向上，整齐地摁在整好的地块里。浇足水，没几天，绿绿的蒜芽就整齐地发出来了。

白苋菜

其实秋天仍然可以播种紫绿相见的红苋菜，但我觉得淡绿色的白苋菜，和秋天清冷的氛围更合拍些，所以，到了秋播的时候，通常会选择这个品种。无论是红还是白，苋菜的播种方式大至类似，翻整好地块，提前一天浇透水，将细小的苋籽均匀地散播上去，然后耙整一下，用脚均匀地踩平，就静候出苗吧。

羽衣甘蓝

春播的时候育苗，4月中旬移栽定植，到了5月底就可以开始持续地采收羽衣甘蓝的叶片了，不过，到了酷暑季节它的长势会变差，这时期的重点是做好遮阳和排涝工作。一到初秋，羽衣 甘蓝又恢复了活力，从根部发出的侧枝，又能很快壮大，再贡献2~3个月的食材。

白露农事

播种叶菜

在北京地区，白露节气距离初霜还有40~50天，这个时间长度恰好够再来一波速生叶菜，诸如樱桃萝卜、鸡毛菜等。此外，一些较为耐寒的叶菜也可以抢播，比如香叶、乌塌菜，它们虽然长得略慢，但因为抗低温能力强，在霜降后仍能持续一段时间。

扦插

春季扦插主要以批量繁殖为目标，而秋季扦插，重点是保存品种。由于冬季气温降低，很多原产于欧洲的宿根植物（以香草为代表）无法在北京露地过冬，但统统都搬入室内也不太现实，扦插少量种苗，冬季放置在阳台上过冬，来年春天再移植，也不失为折中的解决之道。

蹲苗

蹲苗的目的，是培养矮而壮的苗。对大部分持续收获的直立型蔬菜都很适用。而在白露时节，大白菜和萝卜是蹲苗的重点。通过人为控水配合中耕的方式，抑制地上部分长高，并促使它们的根部向下纵深生长，这样的壮苗，更具生长潜力。

除草要除籽

立秋以后，立草生籽，指的是秋季气温低，温差大，野草会因外界气候变化而做出适应性调整，很小的一棵就会抽穗结籽。所以，秋季除草的要点是细致，特别是对大量结籽的苋菜、牛筋草、狗尾巴草等，尽量在幼苗期就赶紧清理，一旦发现已经结籽，拔除后一定要妥善处理。

秋分

蔬果祭月

中秋是非常重要的民俗节日，然而，中秋之『中』，最早是从秋分节气而来。『秋分者，阴阳相半也，故昼夜均而寒暑平。』自立秋至霜降，是传统历法里的秋季，而秋分恰好是在中间的节气，所以，它才是名副其实的中秋节。

在汉代以前，家家户户都是在秋分节气祭月，美中不足的是未必都能赶得上满月。所以，到了唐代以后，慢慢地改以农历八月十五为中秋节。

虽然失去了节日的光环，但秋分前后确实是北京最美的季节，天高云淡，无论圆缺，夜晚的月色，总是宜人。

季节风物 芝麻

胡麻、脂麻和芝麻

芝麻从何而来？自丝绸之路来。“汉使张骞始自大宛得油麻种来，故名胡麻，以别中国大麻也。”

其实，芝麻籽和大麻籽长得一点都不像，芝麻是一头尖、一头圆，而大麻籽是扁圆形。挂了一个“胡”字，芝麻就在中国落地生根了，叫胡麻。相处久了，由于它的种子油脂含量丰富，慢慢地，有了脂麻之名，取代了胡麻，在口头流传中，脂麻又被叫成了芝麻。

芝麻开花节节高

其实，一边拔节，一边开花结果的植物很多，秋葵开花也是节节高，但是，谁让芝麻在民间基础扎实呢。

作为传统的油料作物、风味食材、滋补药材，芝麻在寻常人家的生活中有着不可替代的作用。也衍生出了很多老话儿，诸如“芝麻大点事儿”“捡了芝麻丢了西瓜”。

今年种植了一些黑芝麻，观察到了这节节高的开花方式。长筒形的白色花朵，犹如一个个小号角般。过不了几天，就有青绿色的种荚稳稳地竖在那里了。

收芝麻要趁早

芝麻和黄豆在收获的时候，都需要一点小技巧。当它们的种荚干透时，就会自动爆裂开，豆子或是芝麻籽散落在田间，难以捡拾。

所以，看到大部分种荚发黄，并且有少数微微裂开的时候，就要把芝麻杆收割下来，垛在阳光好的地方晾晒几天，然后，倒持芝麻杆，轻轻地用棍子敲打种荚，让芝麻籽落在铺好的布上。这个敲打和收集的过程，三五天需重复一次，要打四五遍后，才能做到颗粒归仓。

秋分，过农节

2018年设立的“中国农民丰收节”，选定了秋分这一天。

其实何必特地加上“中国农民”这个前缀，丰收又不仅仅与农民有关。民以食为天，没有春耕秋收，整个人类都不复存在了。

在漫长的农耕社会历史中，国家以农为本，在重要的节气举行祭祀是头等大事，官方仪式相当隆重，天子为先，大小官员都要到场，还要修建专门的场所，“春分祭日、夏至祭地、秋分祭月、冬至祭天”，对应的就是今天的日坛、地坛、月坛和天坛。

按照繁琐的程序，献上特定的祭礼——《史记·封禅书》中说：“祭日以牛，祭月以羊彘特。”祈求风调雨顺，年年丰收，如此才有国泰民安。

不过，随着时代的推移，祭月在民间，更多地被赋予了阖家团圆的期望，日期也从秋分，挪到了中秋节。

这种从农业向日常生活的过渡，不禁令人想到古罗马的农神节和圣诞节的关系。

农神节在12月下旬举行，以祭祀为主题，向罗马神话中的农神Saturnus祈求丰收，其中有一项重要的仪式就是摆放丰收树。在基督教兴起后，宗教节日也随之转换，虽然在那个时段，但它已经成为最重要的家庭节日，而丰收树也变成了家人互赠礼物的圣诞树。

过节当然是愉快的，然而无论是中秋还是圣诞，处于那种团圆欢庆的氛围里，真的很难再去思考人与土地、自然的关系了。

从这个角度来看，将秋分节气定为丰收节，也算得上一种“敲黑板、看重点”了。在秋收时节，以特定的仪式，来提醒人们重新思考那些被遗忘的重要问题，食物代表着什么？农业对我们而言意义有多重大？一日三餐从何而来？我们该如何珍惜与保护自然环境？

不过，在一个吃货云集的国度，我觉得搜索频率最高的，可能不是“丰收节怎么过”，而是“丰收节吃什么？”。

秋分节气

秋风起，蟹儿肥；秋风起，三蛇肥。

秋风一起，变得肥腴适口的食材，可不仅限于肉类，蔬菜亦是如此。凉爽又光照充足的气候，配着迅速变大的早晚温差，令许多蔬菜的风味大有提升。比如瓜类的淀粉含量增加明显，口感变得更为糯甜。而绿叶蔬菜的糖分也有提升，鲜甜脆爽。

苦苣

春秋两季，特别是秋季，才是种植苦苣的最好时期，味道也会更好。处暑前后播种，在秋分时候，苦苣已经长成有七八片叶的大苗了，如果性急的话，就可以拔来享用了。

如果有耐心，让它慢慢地成长，在10月下旬，采收如花朵般盛放的大丛苦苣，是一项特别有成就感的劳作。

生菜

和苦苣一样，生菜也是喜凉怕热，除了极少数培育的耐热品种外，大多数超过30℃就发芽率低下，所以，尽量在立秋后播种。

生菜的苗期较为漫长，从发芽到长成可以移栽的幼苗，大约需要20~30天，不过，一旦进入它适宜的气候阶段，便会爆发式的生长。

茴香

茴香也是春秋两季种植，夏末播种，虽然种子形状比较特别，但种植过程与小青菜基本相似，所以难度并不高。大约60天就能收获。

花生

花生的收获会持续一段时间，因为它的果实是陆续成熟的，如果要等最末一批成熟再收获，那最早的果实就可能直接在地下萌芽了。所以，每株花生都有一些半熟果缀在上面，虽然晒不出饱满的花生粒，但依旧鲜甜脆嫩，是上好的乡土零食。

秋分农事

种越冬菜

秋播有两种，一种以当季收获为目标，赶在立秋、处暑之间播种，大部分秋季绿叶蔬菜都是这样。另一种目标比较长远，秋季播种，来年的春夏之交收获，最著名的代表就是小麦，这样的秋播，秋分是最佳窗口期。

捉虫

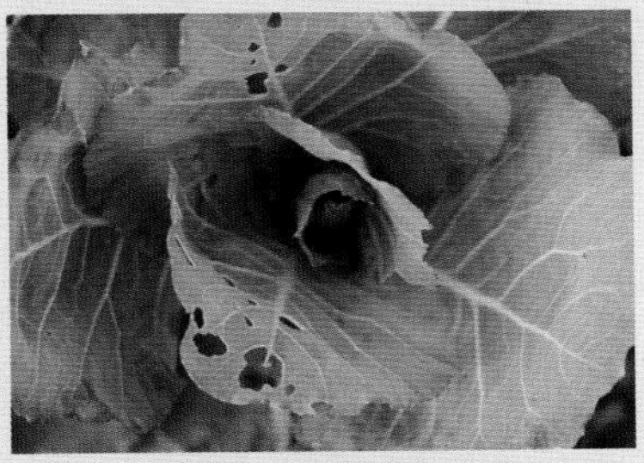

有机种植者在秋分时节，一项很重头的工作就是捉菜青虫和钻心虫。由于天气凉爽，蝶蛾类活动开始活跃，严重危害此时长势正旺的卷心菜、西兰花、白菜、萝卜等。

在不使用农药的前提下，对于小规模种植者来说，最简单有效的方式是采用网罩防护，由于害虫个头较大，所以人工捕捉也比较有效。

湿度调控

虽然说秋雨绵绵，但秋分时节亦可能出现长期的晴好天气，对于干湿较为敏感的植物，此时要特别注意湿度调控。

连着下雨要注意及时排水与通风。长时间没有降水，要及时浇灌，以满足正处于生长期的壮苗需求，这是保证收获的重要前提。

晾晒农获

秋分至寒露之间，天气凉爽且日照较为充沛，正是晾晒农获的最好时机。城市种菜者虽然没有水稻、玉米这样的大宗作物需要处理，但集中收获的蔬菜，也需要及时晾晒。

特别篇

节气食俗

『东厢扑枣及秋分，露颗风枝喜共君。』

——明，石宝《扑枣呈莲北司城》

秋分·佳果供月

供月习俗其实来自于古代秋分时候的祭祀，在流传到民间的过程中，慢慢成为今天的模样。将月饼、时令果品装盘，摆在院中，供奉月神，之后全家分食。

在秋分节气，梨、枣、核桃、葡萄等正当时令，装盘供月，食赏两宜。

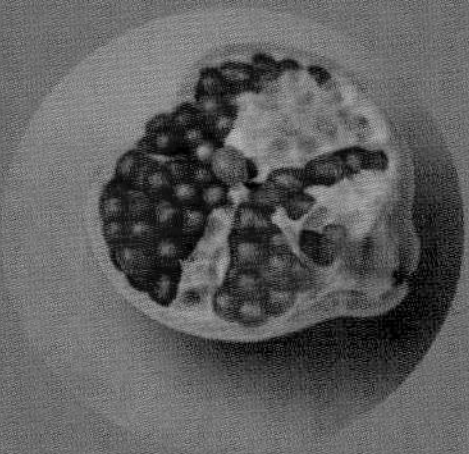

①石榴洗净，轻剖十字刀。

②葡萄洗净，去干梗、生果。

③枣洗净，装碟。

④白梨洗净。

⑤将水果依次装入果盘中，最后加上几枝紫菀作为点缀。

寒露

夜寒月明

对于在菜园里劳作的人来说，寒露并不是一个萧瑟的节气，反而有种难得的丰富与繁荣。

清晨凝结的露水，到了上午九十点钟的时候就消散了。园子里依然是生机勃勃，大白菜正在冲刺；紫甘蓝也不甘落后；碧绿一片的雪里蕻，紧挨着紫菜苔；芥蓝努力地开着小白花；洋姜花已经开到了尾声，枯萎的茎叶提示着收获季节的到来。

抬头看见墙边，爬山虎红得格外浓烈。

季节风物

山楂

嫩山楂叶，能吃

都说我们大吃货国在食材采集上兼容并包，但也偶有遗漏，比如嫩山楂叶，在国内并不作为食材看待，但在欧洲却是一种时令感很强的沙拉食材。

开春时候，山楂树发出满头嫩芽，先是娇艳的紫红色，慢慢在春风吹拂中，转为嫩绿。我曾好奇地揪了几片品尝，没有什么特别的味道，清新里带点涩，倒也并不难吃，用来搭配传统沙拉食材，应该没问题。

山楂花丛中，不宜谈情

山楂花开出满树白花的时候，风光是极美的，但有一点美中不足，山楂花是臭的，因为含有胺类化合物，散发的味道类似鱼腥味，能够在花色不够鲜艳的情况下，多吸引蜂蝇前来授粉。但对人类来说，这味道就实在不够愉悦了。

所以，在《山楂树之恋》上映之前，我一直有点担心，你说老三和静秋在山楂花丛里谈情说爱，真的不会被熏出个好歹来吗？事实证明，我这是瞎操心，那棵山楂树始终很含蓄地作为背景存在着，而穿着白衬衫的年轻男孩和女孩，才是那洁白纯净的山楂花。

晚秋红果

山楂别名山里红，大概因它要到10月中上旬才成熟，红通通的果实挂在枝头，是晚秋山中一景，而北京冬季著名的小吃糖葫芦和炒红果，便是以它作为食材。

糖葫芦如今已花样繁多，但无论有多少创意做法，山楂煮熟去籽蘸上糖浆，仍然是最经典的吃法，没有之一。而炒红果在民国初年的美食作家笔下，经常出现，现在已不多见。做法倒也不难，如果收了山楂，可以自己尝试下。先将果子煮至半熟，捞出去核。再取新锅熬适量糖汁，将山楂放入略翻炒即得，酸甜可口，极为开胃。

寒露：问菊消息

清代印人陈鸿寿有一方“问梅消息”，秋意渐浓时想起这方印，改成“问菊消息”也应该是一样的含蓄贴切吧。

虽说春兰秋菊并称，但春天实在是个黄金档，竞争对手太多，不像秋季，找不出谁能与菊花相提并论，所以，寒露节气的第三候，索性以“菊有黄华”来描述。

菊花开过，传统的花事也就到此了结——至于近代培育出的丽格海棠、长寿、铁筷子这些秋冬季室内盆花，那是另一个话语体系了。

作为一个菜农，为何我对菊花如此情有独衷，答案特别简单——菊花能吃啊。

唐鲁孙是这么描述菊花锅子的：“其他锅子是一边吃，一边往里续肉料．以吃饱为度。菊花锅子的锅料不外是鸡片、肉片、山鸡、胗肝、腰片、鱼片、虾仁、炸粉丝，最后浇上一盘白菊花瓣，讲究清逸渑郁，菊香绕舌，等于是个汤菜。”

我尝试脑补了一下，咦，这不是钉子汤的作法吗？汤里煮了鸡鱼肉虾，鲜味、香味都有，这时候再把菊花瓣涮进去，只要食材本身没有什么异味，那必须得好吃啊。

可惜，我大规模种植的是野菊花，为的是它习性更为强健，完全可以作为宿根地被植物来用。而且可以一花两吃，春季采菊花脑，冬季再捎带着制点菊花茶。野菊比起传统食用的重瓣单头菊花，花朵小且瘦，而且有明显的清苦味道，花朵将开未开的时候，采下来晒干，泡茶极有野趣。

说起来，秋季的“黄华”也不止单头菊花和野菊这两种，红菜苔要是收获不及时，也会开出精神的小黄花。墙边的洋姜，更是灿烂无比，作为菊科向日葵属的成员，学名菊芋的洋姜，富含菊糖，其实是种相当符合现代人养生需要的食材，最重要的，是种植难度为零。秋天走在乡村中，冷不妨就能看见墙边有一大丛，高挑的黄色花朵要仰头才能看清楚，此起彼伏，大约能从立秋开到霜降。

洋姜最有趣的地方是极其耐寒，所以，如果自家院子里种了，不必赶在冬季来临之前都挖出来，那样储存反而是个难题。吃一点，挖一点，刚出土的块茎洁白如玉，脆嫩饱满，吃起来口感最好。在冬季土壤完全冻结之前，都可以这样做。

这样的偷懒，也算得上一种知物善用吧。

寒露节气

寒露时节，晨时已经能偶尔在叶片上见到薄霜，而这种大温差，非常有利于蔬菜风味的提升，不过，那些已经充分成熟的果实，就无需再留在枝头了。“大豆收割寒露天，石榴山楂摘下来”，老南瓜、红辣椒，遗留在枝头的干枯秋葵，共同营造着冷静而不失繁荣的仲秋景色。

对于自己种菜的人来说，这个节气的食材供给是最为多样化的。

佛手瓜

佛手瓜对阳台种菜者来说可以忽略，但对于庭院种植者来说它真的值得一试，极少发生病虫害，夏末开始爆发生长，是理想的秋季爬架植物。而且高产，在营养充足的情况下，每株能轻松贡献几百只佛手瓜，还很耐冬储。

除了果实之外，大量生长的藤蔓尖梢也是在南方很流行的食材，风味独特。

芹菜

秋季凉爽的气候非常有利芹菜生长，在初秋菜苗移栽后，会迅速进入生长期。如果种植的是以味道取胜的香芹，那么无需等到完全长成，在寒露时就可以陆续收获了。如果种植的是较为大型的西芹，那最推荐只采收外侧长成的叶片。

无论哪种，刚采收时的水嫩脆爽，是买来的芹菜难以比拟的。

红菜薹

红菜薹在两广和西南一带很常见，虽然是红色的，但仍然属于白菜家族，以食用未开花的菜薹为主。

因为喜欢凉爽天气但又怕冻害，很适合当地秋冬种植。但在北京，只有从8月到10月底这个短短的窗口期，一旦霜冻来临，植株就会很快枯萎。所以，每年都要算好时间，在大暑节气左右播种，这才能在寒露时，收获一把滋味鲜甜的红菜薹。

寒露农事

分批收获

虽然说“寒露早，立冬迟，霜降收薯正当时”。但自己种菜一定要记住，根据个人需求灵活处理。比如红薯，由于通常种植数量较大，如果非要等到最佳时段一次性收获，储存会很麻烦。不如从秋分后期就开始分批收获，这样，既可以提早尝鲜，也不致于在冬季来临前处理大批农获。

培育土地

有机种植最重要的事情就是养地，在一年的种植陆续落幕后，是时候回报大地了。

已经结束种植的地块，赶在寒露阳光尚好的时候，进行深翻、晾晒，紫外线消毒是最为简单易行的有效方式，能够有效除菌除虫。而风和雨水则会打散板结的土块，令它变得更为疏松透气。

防寒

到了寒露节气的中后段，恰好赶上北京地区的初霜期（通常在10月上中旬），一旦提前出现霜冻，收获会大受影响。所以，关注天气预报，及时收获也是菜农在这个节气需要注意的事。

采集种子

如果希望自己留种，寒露节气是一年中最后的好机会。如秋葵、木耳菜、番杏、苋菜，这时候已经可以采到不少成熟的种子，可以趁着天气晴好进行晾晒，然后收存在干燥的纸袋里，来年播种。

恋恋不舍的收尾季节，且种且珍惜吧！

大宗冬储菜需要做好妥善的安排工作！
对寒流的袭来要做好充分的精神准备！
花样繁多的收获物，是激发灵感的素材！
悠闲地展开户外种植的收尾工作吧！

霜降

米谷满仓

这是个容易令人误会的节气名称，雨、雪自天而降，但霜却是地面水气遇冷凝结而成，与露属于同一来源，正是『蒹葭苍苍，白露为霜』所描述的景象。

自白露，至寒露，再至霜降，秋意渐浓，早晚已经可以用『寒凉』来形容，蔬菜的生长也进入了一年中最后的时期，叶经霜而红，花经霜而傲，比起春夏时的鲜活来，别有一番时光酝酿的韵味。

霜降，不能说是菜园最美的节气，但可以说是最有意境的节气。

季节风物

柿子

柿叶寿司

柿子是日本的秋季名物，可惜我一次也没赶上，好在尝过柿叶寿司，也算是领略了柿子在彼邦的人气。

据说柿叶寿司的起源是因为奈良离海太远，古代物流慢，鱼运到这里容易变质。所以，就慢慢出现了以柿叶包裹鱼片的方式，柿叶大小适中，硬度也很合适作为食物的包装，最重要的是它有一定保鲜、去腥和防腐的作用，可以让寿司几天不变质，便于携带，算是那时候的特色便当，后来就慢慢地成为当地的传统料理了。

冻柿子之味

只要把柿子留在枝头挂足够长的时间，它一定会变软的，然而，这样做的风险是，不知道哪天，软柿子就会“啪”的一声从天而降，而你得流着眼泪在收获里减掉一枚。

所以，柿子都是在硬的时候摘下来，通过人工处理让它软熟，冻柿子便是这些处理方式中最有趣味的一种。将柿子放入冰箱冷冻柜，速冻后它会硬得像块冰，过一段时间后取出自然化冻，由于低温的作用，原本令口感发涩的单宁酸已经被破坏了，所以，果肉会变得甜美且是软熟的一团，用吸管戳开皮，就可以直接吸着吃了。

柿子家族的小不点儿

有一种名为黑枣的风味零食，很多人都吃过，但你是否知道，名为枣，它其实是个柿子？

黑枣的鲜果，是柿科柿属，是一种学名叫君迁子的植物的果实。刘斯《交州记》云：“其实中有乳汁，甜美香好。微寒、无毒。主消渴烦热、镇心。久服轻身，亦得悦人颜色也。”

翻译成吃货的语言就是甜美多汁，多吃可以瘦身美容。

君迁子的果实摘下来，洗净晒干，就成了我们熟悉的黑枣模样了。不过，各地种植品种存在差异，还有无籽与有籽的区别，所以，“黑枣”和“黑枣”，有时候也不尽相同。

霜降：甘蓝多且美

在大白菜丰收之前，甘蓝是秋末的主角。

这种原产地中海区域的蔬菜，喜凉爽气候，夏末育苗移栽，到11月陆续收获。瓷实、脆甜，口感上佳，由于冷季生长，用药量也少，最适合食用。而且甘蓝的选择也相当丰富，甘蓝是个庞大的家族：卷心菜、紫甘蓝、西兰花、羽衣甘蓝、芥蓝、苤蓝、孢子甘蓝……真心数不过来。我种了三年甘蓝，才勉强算是对它的大致分类有了认识。

由于长期的驯化培育，甘蓝产生了丰富的变种，有些要是不说，你根本想不到，这也是甘蓝！

根据食用部位的不同，最常见的是叶用甘蓝——卷心菜、紫甘蓝、羽衣甘蓝，这些吃的是叶子部分，根据叶子的形态，又分出了结球和散叶两类。结球品种的代表是卷心菜和紫甘蓝，由于高产且相对耐储运，它们已经是非常普及的国民蔬菜了。

深秋的结球甘蓝是最好吃的，甘甜脆爽，生吃尤其能品尝出差别来。做沙拉的时候，切小半个紫甘蓝进去，颜色既美，口味亦佳。

散叶甘蓝最著名的是羽衣甘蓝，这也是近几年流行的网红食材，因为叶子羽裂明显类似蕾丝裙边，所以得名羽衣，其实，羽衣甘蓝也有穿"常服"的——叶色呈黑绿色，无羽裂的托斯卡纳甘蓝，和叶子略小呈长勺状的油菜甘蓝，由于耐寒又好种，在欧洲国家的厨房花园里相当常见。

以上几种因为名字的缘由，大家对它们的甘蓝身份都比较熟知，但如果告诉你西兰花、菜花、芥蓝这几位也是甘蓝呢？

没错，它们是花用甘蓝，主要食用部位是花朵，不过又略有区别。芥蓝是连花带薹一起吃的，虽然上头会带着花蕾或白色小花，但主要食用部分是花薹。而西兰花吃的是幼年状态的花蕾，仔细观察西兰花，会发现它是一个个小小的绿色花蕾密集组成的。除了花蕾外，嫩茎部分的滋味也不错。最特殊的是菜花，吃的是未发育的花芽组成的乳白色肉质头状体。

以北京地区的气候而言，无论哪种甘蓝，都最适宜秋播，在天气炎热的时候采取降温措施帮助发芽，这样，在立秋前后就能够移植壮苗了，如此才能保证给这些大型蔬菜留出足够的生长期，到了霜降，它们已经长得丰硕喜人。

霜降节气

"九月之时，收缩万物者，是露为霜也。"

"收缩"是一个不能照字面来理解的词，它代表的是停滞的状态。到了霜降节气，光照和热量不足，很多蔬菜都停止了生长。所谓"霜降不起葱，越长越要空"就是这个道理。

除了葱外，胡萝卜、甘蓝、红薯等秋季作物亦是如此。

萝卜

霜降萝卜，立冬白菜。

大萝卜有很多种类，沙窝青宜于生食；大白萝卜煲汤最好；心里美萝卜凉拌犹佳；老北京还有一种传统的卞萝卜，红皮白肉，个头扁圆，极为讨喜。无论是哪一种，在霜降时节就最好全部收获，这时候的萝卜水分含量丰富，甜度达到最高。

芥蓝

芥蓝是甘蓝的变种，从菜心处抽出花薹，顶端有少量花蕾。在花将开未开的时候，从根部切断，新的菜薹还会持续发出。采收方式和白菜薹有类似之处，不过，芥蓝可比白菜薹粗壮，而且带着甘蓝特有的风味，纤维更少，质感更脆嫩，吃起来咯吱有声。

油菜

北方的油菜，特指白菜型油菜，个头壮硕，叶柄肥而白，是四季都有供应的绿叶蔬菜，但以春末和深秋时候的最为当时当令。直接播种，大约60天长成，比较耐寒。如果阳台是封闭型的，冬天也可以尝试栽培。

胡萝卜

在北京地区，胡萝卜以秋播为主，大约立秋时播种，发芽时间需要5~7天，霜降时收获，由于生长期间阳光充足，温度又适宜，根茎能够充分发育，会比春播的收成高出30%。

霜降农事

拢白菜

教我种白菜的老范是山东人，到了霜降的时候，他说，白菜要拢上了，不然白菜芯长不好。

我对“拢”的理解，是给白菜中部扎上一条腰带，拢住那些向外生长的莲座叶，防止热量散失，以促进白菜芯嫩叶的生长，以便立冬的时候收获。

香草越冬

香草是都市农夫的心头好，不过，由于是非传统作物，所以在种植上需要自己结合本地气候，慢慢摸索。以百里香为例，通常没有资料提到它可以在华北露地过冬，但是在实际种植中，我发现如果在冬季来临前，采取草帘苫盖的方式进行保护，开春后有七成以上的机率重新萌发。牛至和龙蒿不需要任何保护也能顺利越冬，但迷迭香无论怎样保护也不行。

冬储

在秋末批量收获的蔬菜，冬季储存是件需要考虑的事情。传统的小农方式是挖地窖储存，主要适用于大白菜、萝卜（需要去缨）和大葱。而对于绝大多数都市种植者来说，挖地窖并不现实，可以变换一下思路，在纸箱里铺沙储存，数量较小时，这个方法是很实用的。

清理根茬

大型蔬菜如茄子、玉米、西红柿、秋葵等，根部粗壮，在结束收获后，除了清理地面植株外，还要将根部挖出，这样既是出于安全的考量，也为后续的翻耕整理打好基础。

立冬

万物收藏

都市里的冬天来得晚，在十一月初的时候，依稀还能感受到几分小阳春的温暖，然而，随时会有一场寒潮来袭，秋衫单薄挡不住，一边瑟瑟发抖，一边相信节气的准确度。

古人以四立来标志季节的开始，立春/夏/秋/冬，雷打不动的预告着新季到来，自然的脚步即使会有短时间的停留，但一定不会迟到太久。

季节风物

紫苏籽

收紫苏籽，主要靠晒

我以为收芝麻就很麻烦了，没想到收紫苏籽更难。

芝麻在漫长的生长过程中，自己进化出了一套提高产量的本领，它的种荚是向上几乎直立生长的，这样，当种荚裂开后，芝麻粒也不会立刻就掉下去。但紫苏就没那么善解人意了，它的种荚是平着长的，一碰籽就掉。

所以，收紫苏籽一定要看准时机，将熟未熟的时候，赶紧剪下去，放到干净的大花盆中，在日光下暴晒，然后定期捽打，最后才能得到几捧珍贵的紫苏籽。

给麻雀的什一税

有机种植里有个“什一税”的说法，田园里的农获，每10份里，有1份是给各种小动物的。具体落实到紫苏这种香草，这份什一税主要由麻雀来征收。秋末的时候，紫苏的种荚开始枯干成熟，只要稍微一晃动，从微微裂开的缝隙里，就有圆滚滚的种子掉出来，落到草丛里——这些紫苏籽就不再属于我们了。

冬天万物凋零，找不到食吃的麻雀会成群落到农田里，寻找掉落在地上的种子，在种过紫苏的那一小片，麻雀尤为集中，人一走过去就呼拉拉地飞起来，像一片雀云。

春种一盆，冬种一群

通常来说，紫苏是春夏季的香草，特别在夏天会长得特别茂盛，而冬天就很难见到踪影。如果真的是狂爱紫苏，不可一日无此君，那其实冬天也是可种的，只是在种植方式上有所区别。

冬季在室内盆栽紫苏，参照的是microgreen（微型蔬菜）的种植方式，密密麻麻一把种子撒下去，然后，采收只有三五片嫩叶的幼苗。虽然不如夏季的成株紫苏吃起来那样过瘾，但如出一辙的紫苏芳香，和更为柔嫩的口感，也很有吸引力。

立冬：踏雪寻菜来

临近初冬，朋友们问我："最近可有什么当令的菜蔬？"，我会滔滔不绝地回答一大串："大白菜、塌棵菜、油菜、黄心乌、奶白菜、菜薹……"，答完自己一看，全是一种菜！

白菜家族是任何一个菜农都绕不过去的寡头势力，它的诸多变种几乎霸占了中国人的半张餐桌，特别是秋冬季节，北方人需要大量冬储大白菜，而南方人会惊喜地发现，咦，菜摊上随意买把小青菜，都是肥美又甘甜的！

过了长江，冬季虽然湿冷难忍，但极端低温却远高于北方，所以，对部分耐寒的蔬菜来说，完全可以在这个季节顽强地活下来，顶多是借助一些简陋的保暖措施。从残雪里挖出的黄心乌、塌棵菜、香菜，风味远胜过其他季节。

以黄心乌为例，这个大白菜的变种，特点是贴地生长，内层叶片金黄，外侧叶片浓绿，远远看去尤如一朵黄色花朵开放在地面，在万物凋零的冬季农田格外显眼，所以被美称为"雪地金花"。

霜降过后，早晚温差进一步加大，接近零度的低温促使黄心乌制造更多的糖分，来提升细胞液的浓度，防止冻伤，所以，这个时候的菜口感格外甘甜脆爽。研究表明，类似黄心乌这样的御寒机制，能够帮助它们在-5℃的低温下短期生存。而江南的冬天，即使下雪，最低温度也不过在-5℃左右。

所以，雪后初霁，从半冻的土中挖出一棵棵肥硕的黄心乌或塌棵菜，虽然外侧叶片已有冻伤，但内叶却保持了鲜嫩与完整，摘摘拣拣，留下的真的就是精华。

与此类似的，还有香菜，比起白菜来，它的耐寒性要差些，大部分的叶子都已经冻烂，只有菜芯里最后两三片嫩叶，还保持着完好，加上一根冻成青紫色的主茎。别看卖相凄惨了点，就这一根香菜，细细切碎，撒到面碗里，热气一激，那株香菜的香，绝对可以击败10株普通香菜。

久居北京，格外思念的就是这种雪里挖菜的小乐趣。有一年冬天实在按捺不住，留下了两排大白菜没有收，用草帘苫盖好，想着哪天下雪的时候，我也来踏雪寻菜。

当下雪时，我兴冲冲地跑过去，结果呢？门上的挂锁被冻住了！最后，只能隔着墙上的洞，眼馋地看了好几眼白菜们，悻悻而归。

立冬节气

按气象学的标准，平均气温降到10℃以下为冬季。而我们菜农的标准要宽松得多，只要露天的种植地还可以产出蔬菜，就都还算是秋天。

大白菜正在收获中，略带冻伤的青菜吃起来更美味，想起来就随时可以去挖一窝白胖的洋姜出来……

从这个角度来看，立冬节气似乎更适合归入秋季啊。

洋姜

学名菊苣，因为块茎形状略似姜而得名，但味道和姜可一点都不像，反而是跟土豆更接近些——特别在长时间炖煮后更为类似。

第一年种植要在初春进行，使用菜市场买来的健壮块茎就可以，春季萌发，夏季生长，中秋前后开花，花谢后，挖开土层，就能看到大量的洋姜块茎。种过一次以后，它就会自行繁殖，所需要注意的是别让它太过泛滥就好。

大白菜

农谚有云“立冬不砍菜，必定要受害”，这里的菜，特指的就是冬季头牌大白菜。

头伏播种的大白菜，经过了整个秋季的生长后，立冬时已经壮实丰硕，白菜芯也已抱紧长实，正是收获的最佳时刻，传统的方式是以柴刀从根部砍断，这样最有利于储存。

冬天的时候，抱一棵大白菜出来，去掉枯萎的外叶，或炒或涮或凉拌，对中国人来说，这可谓是百吃不腻的国民蔬菜。

乌塌菜

深绿色的叶片犹如菊花般贴地绽开，所以在北方它更多地被称为菊花菜，是很常见的家常小青菜，秋末收获的这一批滋味尤好，绵甜丰腴。

作为白菜的一个变种，乌塌菜、油菜、黄心乌等的种植方式基本相仿，初秋播种，可以密播间苗，或者选壮苗移栽定植，长到半大时，就可以开始陆续收获了。

立冬农事

假植

假植对种菜爱好者来说，属于选修课，如果希望延长甘蓝的收获期，这一条还是有必要了解的。

孢子甘蓝、菜花、羽衣甘蓝等喜欢冷凉的甘蓝类蔬菜，由于根茎壮实，可以通过假植的方式来延续生长，具体做法是气温接近零度时，将植株整体挖出，然后整齐地排列在温室中，根部略培土固定后，定期喷水，这样能够有效延长收获期。

根据我的实际经验，在北京种植孢子甘蓝尤为适合采取这种假植方式。

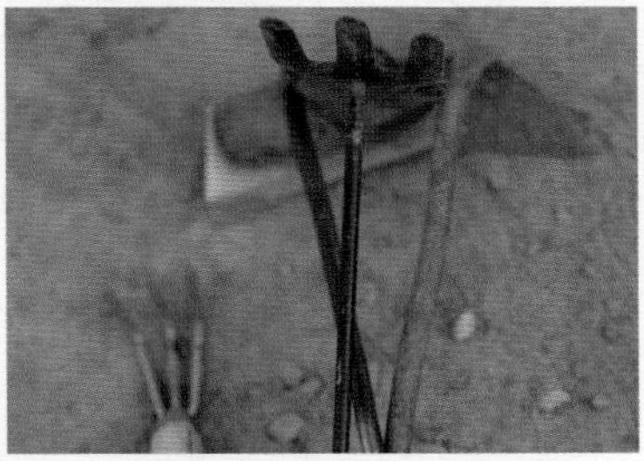

收纳农具

收纳技能在家居中很重要，在都市农艺实践中也很有用武之地。时至立冬，大部分农事已经落幕。接下来，各种日常应用的农具会有三个月左右的时间闲置，加上冬季的低温环境以及可能出现的雨雪，所以，进行全面的修缮、清洁农具，并加以必要的保护措施，统一存放在安全场所，是入冬前一项重要的工作。

清洁地块

为了保持田园的整洁美观，也为了降低细菌、虫害的发生率，地块在种植物收获完成后，需要及时地清洁整理。

捡去地面上的枯枝烂叶，挖出残留地下的根茬，另行堆埋处理。此外，在冬季来临前深挖翻整，利用低温来灭除虫卵也是有机种植里的基本功课。

尝试着在家居空间种植的季节，需要技能、耐心和运气！

多样化的种植技巧学习很有必要！

愉快地展开与农业息息相关的各种手工创作！

在观赏和食用之间寻找最佳平衡点！

利用室内环境条件，展开反季节种植吧！

小雪

闲坐待雪

秋冬交际，小雪节气，温度在零度上下徘徊，秋雨转为小雪，在黄河以北的农耕区域，基本上就进入了猫冬的节奏，所以说『小雪闲中过』。

围炉煮茶，小壶温酒，晚来天欲雪，能饮一杯无？

在小雪节气，文人和农人的节奏，终于趋同一致。

小雪：花式冬储

北京的小雪节气虽然不怎么下雪，但霜冻是妥妥的，所以，赶紧拔了萝卜，砍了白菜，再把菜地里所有看得上眼的统统采完，就可以坐下来，发愁怎么储藏了。

从古到今，这都是个问题。《东京梦华录》里有段记载：“立冬前五日，西御园进冬菜。京师地寒，冬月无蔬菜，上至宫禁，下及民间，一时收藏，以充一冬食用。”不过，人家是上用，品种比我这个小菜农可丰富多了。“姜豉、红丝、末脏、鹅梨、榅桲、蛤蜊、螃蟹”，肉、酱、水鲜、瓜果，而我顶多也就冬储几只梨，还是因为偶尔学到的“混果”储藏知识——萝卜与梨混同沙藏，两者均不易坏。

回到现实生活中，关于冬储的回忆，与大白菜脱不了干系，小时候的居民楼道拐角里，各家堆起一座白菜小山包，若是换到现在，就算邻居能容忍，物业也要来告诫“请爱护环境”吧。

所以我的大部分收获只能“寄养”给劳动拍档，自己只领十几棵白菜和两堆大萝卜回家，找个不碍眼的角落堆起来，聊表心意。

至于其他从秋末开始的小规模收获，就好处理得多，在漫长的冬日闲暇里，正好可以一一参照各种脑洞大开的古代食方操练起来。比如山楂，普通是做果酱或者糖水山楂，《食宪鸿秘》有个山楂膏的方子：“冬月山楂，蒸烂，去皮核净，每斤入白糖四两，捣极匀，加红花膏并梅卤少许，色鲜不变。冻就，切块，油纸封好。”

以及那些被当成观赏植物种植的农作物，因为数量少，就更有理由自由创作手工作品了。玉米（一小筐）、荞麦（两捧）、谷子（8支长成的谷穗），完全不值得当成粮食下锅，只能编成装饰花环、拿来种芽苗菜、当成干花来插……

大雪

仲冬深藏

『大雪，十一月节，至此而雪盛也。』

虽然华北以南尚未迎来初雪，但大雪节气已至。其实，古人说的大雪、小雪，并非仅指雪量大小，更是指降雪可能性的高低，黄河南北到长江流域，气温普遍降至零度，一场冬雪，可能不期而至。

大雪时节已至仲冬，日短夜长，冬藏的『藏』，在这个节气，算是到达了极致

大雪：种而时习之，不亦乐乎

雪夜闭门读禁书——据说是金圣叹这位才子的心得，原句已不可考，但确实深入人心。以至于每逢下雪的冬夜，我就觉得，该放下手头的事情，读书去！

冬日漫长，无所事事的农人总得有点儿消遣啊，不过，我们不读禁书，读农书。

农书，作为科学书籍的一类，是相当讲究严谨实用的，特别是现代出版物，基本都是这个路数，但也有不少出自中国古代文人笔下的作品，完全可以当闲书看。

比如："相传荔枝去其宗根，用火燔过植之，生子多肉而核如丁香，如六畜去势则易肥也。漳浦人多用此法。"用白话来解释，就是把荔枝的主根去掉，用火再烧一下，结出的荔枝就是小核的，就像牛羊马绝育后，就很容易喂胖。

这个"笑话"出自于明末清初文人周亮工的《闽小记》，读来着实令人解颐。核是荔枝果实的胚胎，通过科技手段阻止果核的正常发育，培育出焦核或无核荔枝，这是现代荔枝种植业者的重要课题，但绝不是把荔枝变成"公公"这么脑洞大开。

阅农书，读食单，刷园艺视频，清点种子，这都是颇能消磨时间的事情。

在网络发达的现在，视频和纪录片也是菜农提高自我修养的有效途径，特别是英国出品的系列节目，从《园丁的世界》到《植物王国》，常看常新，以致于我养成了要一边看视频，一边记笔记的好习惯——读了十几年书也没培养出的好习惯！

至于清点种子，那更是令人兴致勃勃的事情。乐趣与收藏家清点藏品类似，不，比那个更好玩，看着一堆种子，脑海里就能浮现出一座生机勃勃的花园。

孔夫子提倡学而时习之，落实到我的生活中，就成了种而时习之，这似乎更加是实践结合理论呢。

冬至

农闲日长

冬至之至，有三义：『一者阴极之至，二者阳气始至，三者日行南至，故谓之冬至也。』用大白话说，就是这一天，白昼最短，阴气最盛，然而按照古老的阴阳平衡学说，阴极阳生，所谓『冬至一阳生』，身体内的阳气开始蓬勃生发。

好吧！就让我们在这农闲季节里，好好涵养元气，以待来春。

冬至：庭前韭荠，珍重待春风

到了冬至，就开始数九了。漫长的九九八十一天，屈指数来，一来容易忘记，二来无趣，于是，“画九”“写九”应时而生。

所谓画九，在明代的《帝京景物略》里是这样描述的：“日冬至，画素梅一枝，为瓣八十有一，日染一瓣，瓣尽而九九出，则春深矣。”这也是最常见的九九消寒图，然而我对它有一点小小的不解，都说梅开五福，这九瓣的梅花，大家填起来不觉得违和吗？

后来看到资料才解了疑惑，宋人的九九消寒图，是一株老梅，上结九九八十一朵梅花，每日依阴晴天气，择瓣而染，更为错落有致。然而，要勾一树梅花着实费力，后来就简化为折枝梅了。

相较起来，“写九”更有文人趣味，将九个九笔字组成一句话，例如“亭前垂柳珍重待春風”双钩后每日一笔，逐笔填完，正好是九九八十一天。而其情殷殷，读来更比梅花动人。

爱上种菜后，我开始琢磨，菜农在冬天，是只关心杨柳吗？不，我们关心一切植物，特别是蔬菜，有没有哪两个九笔的字，可以替代杨柳，成为菜农专供的“写九”诗句？

挑了半天，找出了韭与荠，头茬韭，三月荠，两种特别有代表性的春蔬，经过一个萧索的冬天，有什么比看到它们在庭前萌发，更能令人欣然喜悦的呢？

每年冬至的时候，兴致勃勃地描好这九个字，准备好好消遣整个冬天。可惜，现代人分心的事情太多，开始的时候还能做到每天坚持填一笔，过不了几天就拖欠工作，想起来一回，总要补上四五笔。而到了最后两个字的时候，已经是冰雪初融大地春回，“七九之数六十三，堤边杨柳欲含烟，红梅几点传春讯，不待东风二月天”。

那个时候的菜农，哪里还按捺得住兴奋，早已毛笔一扔，春耕去也！

特别篇

节气食俗

『粥熟呼不起，日高安稳眠。』

——唐，白居易《风雪中作》

冬至：赤豆粥

粥是冬令时候的常见滋补食物，而且不同节气各有讲究，比如冬至吃赤豆粥，腊八吃腊八粥，而喝八宝粥其实是腊月二十五的食俗。

赤豆健脾养胃，配合白米熬粥，开胃补气，再加入红枣、核桃肉等益气补血的食材，就更能够在寒冷的时节，滋补身心了。

①提前一夜，将赤豆洗净，用清水浸泡。

②白米洗净，浸泡半小时。

③将白米、赤豆放入砂锅，加入红枣、核桃肉，大火煮沸。

④转小火，煲制一小时。

小寒

冬春交候

小寒，听起来不是很冷的样子？

事实是，根据历年的气象资料统计，小寒才是一年中最冷的节气。冬至时，日照最短，但因为有夏季地面积蓄的热量补充，所以温度并不是最低点。而到了大寒，太阳逐渐北移，北温带获得的辐射又有所增加，所以通常也会比小寒暖和。

在小寒节气，除了乖乖等待春天，还能做什么呢？

小寒：二十四番花信风

在万物萧瑟的小寒节气，有一件雅事不能忘，那就是数二十四番花信风。

古人将从小寒到谷雨的八个节气，分为二十四风候，每候又选出一种适时开放的花作为代表，风应花期而来，故谓花信风。

小寒三候，分别是一候梅花，二候山茶，三候水仙。虽然北方没有漫山梅花，更无法地栽山茶，但案头的一盆水仙花，总是不拘贫富，家家都可以养的。

冬至前后，去花市逛逛，水仙头随处可见，找个浅钵，摆几粒石子，就足够供养半冬的清雅芬芳。养水仙花的老手，更能够通过把控阳光和温度，让水仙在选好的日子里开放，凑上个年节的热闹。

我做不到这么精确，只会大概地算下日子，卡着时间把水仙头摆起来，然后就等着自然给我的预示——有点像占卜，若是恰好赶上个节日，便有种抽到上上签的高兴，没赶上，那又有什么关系呢？有花可赏的日子，总是美的。

有一年忘了买水仙头，直接在水仙盆里摆了一群大蒜头，也鱼目混珠了很久，说真的，虽然大蒜不开花，但是人家可以剪来吃，这个优点也是独一无二的！

瑞香、山矾、桃李杏，二十四番花信风，一直数到谷雨的牡丹、荼蘼和楝花，至于为什么最后留下的是一句“开到荼蘼花事了”，我猜这只能怪楝花虽美，奈何名字太朴实，不如荼蘼有诗意。

此外，还有一点遗憾，对于华北、中原一带的农业区，二十四番花信风的提前量有点大，没办法，谁让这个说法是《荆楚岁时记》里最先提出的呢？江汉平原相对北方来说，冬季气候要温和不少，冬春交际，已有花事。

从这个角度看，明清时期流行于江南的迎送花神体系，时间段要合理很多。二月二花朝节迎花神，此时江南百花已盛，北方也有早开的玉兰和迎春可以应景。此后，待到芒种时节，再送花神归去。

大寒

梅柳待春

『明朝换新律，梅柳待阳春。』这是唐代诗人元稹的节气诗。

过了大寒是立春，而传统民俗中最隆重的节日春节，恰好就落在这两个节气之中，一场有着浓重仪式感的全民狂欢，标记着这个冬春交际的时刻。

农业社会的生活节奏，完全是跟随自然时令呀。

大寒：腊月种菜头

大寒是一年中最热闹的节气，除了闰年外，它与腊月后半段是重合的，正是中国人喜迎春节的时候。“过了腊八就是年”，特别是到了临近除夕的时段，喜庆气氛更是达到了顶点。我童年最深刻的回忆就是这时候不能说错话，大人小孩见面，都得互相祝福，满嘴跑着吉祥话，想来也是，连灶王爷都被糊了一嘴糖，上天必须言好事，凡人还有什么可计较的呢？

连餐桌上，都要铺陈出一片喜庆。

白菜＝摆财；生菜＝生财；发菜＝发财；豆芽是如意钩；藕是诸事通顺；韭菜寓义长久；小葱代表聪明，这些都是比较普及的，至于各地的地方习俗，就更为五花八门了。总之，就是各种食材在这个时段，都必须发掘一下自己的内涵。

为了呼应这种氛围，我们菜农也是煞费苦心，除了吃，还打算种点儿“喜气洋洋”出来。

首选的品种，是红萝卜、白菜这些冬季最常见的国民蔬菜，红萝卜颜色喜庆，东南一带称萝卜为“菜头”，与彩头谐音。几只大红萝卜，养在长盆里，倒些清水，就能培育出满头黄绿的萝卜缨，既喜庆又好看。

与萝卜类似的根茎类蔬菜多半都可以照此办理，青萝卜、胡萝卜、苤蓝、洋葱头都可以，只是形状和颜色没有红萝卜那么讨喜。

如果舍不得萝卜，那就选白菜头，剁白菜包饺子的时候，刀下稍留些情份，一个略肥的白菜头，找个容器养起来，过不了几天就能抽叶长薹，还能开出金灿灿的油菜花。

我比较喜欢养形状完整的白菜芯，其实就是省一口的事情，大白菜剥到最后的嫩芯留下来，养在瓷杯里，这样看起来更体面些，勉强也算得上是一个小巧玲珑的白菜摆件呢——还很鲜嫩！

后记：二十四节气简明农事

春

立春

草木初萌，一年的耕种即将展开，备种、试播、制订农作计划，做好妥善的准备工作。

雨水

修剪果树、清洁田园、翻耕，在春雨唤醒大地之前积极行动起来。

惊蛰

大地回春，枝头花发，播种、育苗、分株移栽，生机勃勃的春耕进入『起跑』阶段。

春分

万物复苏的初春时分最适宜种树栽花，照料幼苗，谨防倒春寒。

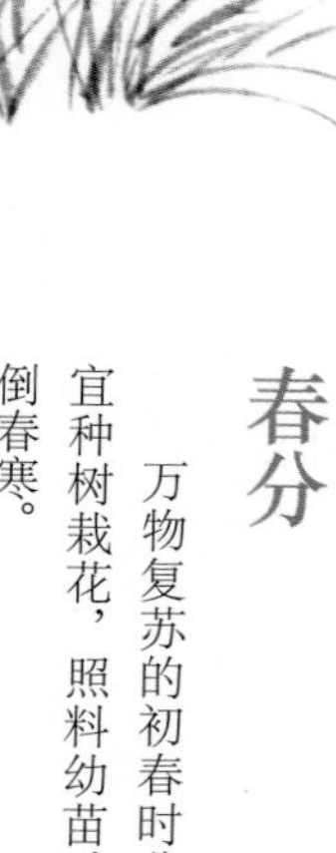

清明

春光正好，农事纷叠，持续的播种、移苗伴随着田间管理的诸项杂事，这是最繁忙的春季耕作时段。

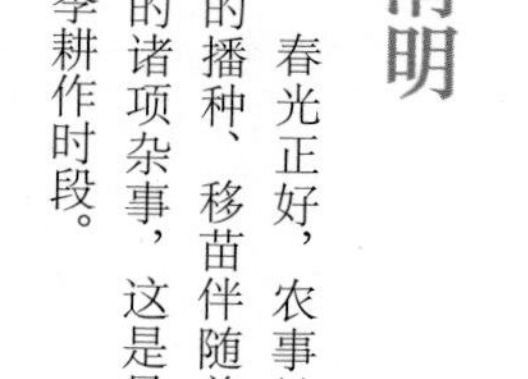

谷雨

气温趋暖，万物蓬勃生长，为果树疏花疏果正当时，小菜也已经渐渐长成，一边耕作一边收获。

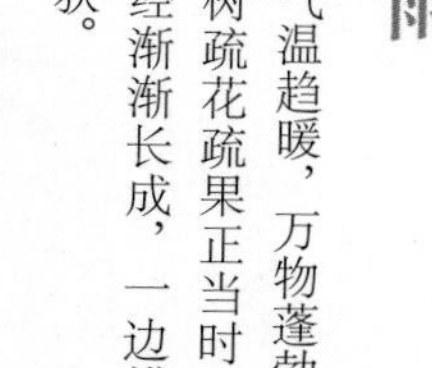

夏

立夏

在气象学上仍属于春季气候，最适宜蔬菜生长，同时，除草、捉虫、修剪整形等田间照料工作都需要全面推进。

小满

暑意乍现，蜂飞蝶舞，昆虫的活跃意味着季节的更替，蔬菜作物的换季也在此时展开，春播夏收，属于收获最为丰盛的时节。

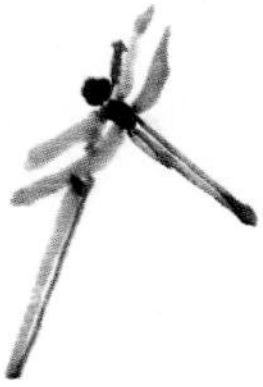

芒种

气温升高有利于夏季蔬菜的生长，但也会导致虫害的发作，做好防护工作是重点。继续做好收获工作与下一轮播种。

夏至

遮阳、浇水、搭棚绑架、及时除草，这是有条不紊的夏季劳作。

小暑

进入伏期，除了常规农作外，最重要的就是尽力避免高温暴晒和自然灾害天气给蔬菜带来的影响。

大暑

多雨闷热，蚊虫滋生，加强通风，控制温度，谨防蔬菜出现霉烂，及时清理残茬。

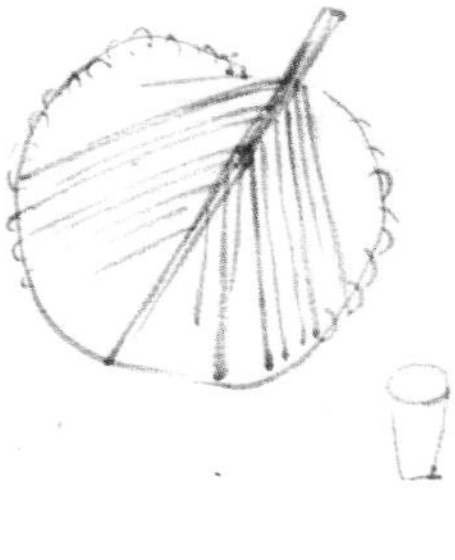

秋

立秋

立秋一至，早晚清凉，在人还没有察觉季节转换的时候，植物已经提前有了感知，秋播可以提上日程了。

处暑

昼暖夜凉，非常有利于蔬菜生长，是夏季作物收获的黄金期，规模秋播也赶在此时，是又一个农忙时节。

白露

气候凉爽，白菜、甘蓝等大宗蔬菜进入壮苗期，水肥管理要跟上，同时，适当播种来年收获的葱、蒜、菠菜等。

秋分

金秋时节，作物繁茂，各项田间照料工作不能放松，防治虫害是关键。

寒露

早晚寒凉，成熟的瓜、果、豆、椒要及时收获，收获后记得翻耕菜地，补充基肥。

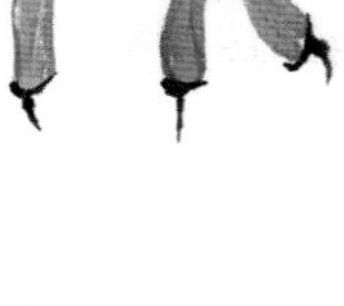

霜降

霜冻代表着气温已经下降到不适宜作物生长的水准，除了极少数耐寒蔬菜外，其余蔬菜进入全面的收获期。

冬

立冬

随时可能遭遇寒潮的节气，收获大白菜，挖掘洋姜，进入冬储阶段。

小雪

清理农田，检查水管，做好宿根作物的防护。

大雪

在土壤完全冰冻之前完成深翻，借助寒冬完成杀菌消毒的工作，对来年的耕作大有帮助。

冬至

冬至数九，结束户外农作，收纳种子，归拢农具。

小寒

注意窖藏蔬菜的保暖，定期检查田间农业设施。

大寒

猫冬，读书，享受农获，总结一年农作的得失。

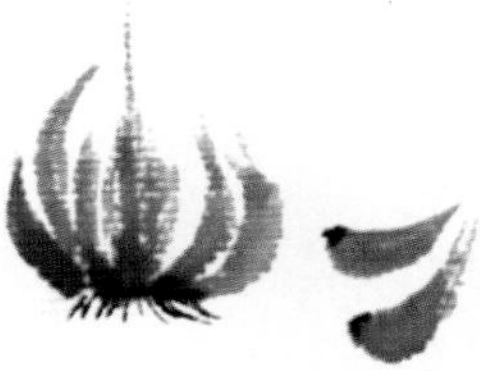

图书在版编目（CIP）数据

跟着节气来种菜：24个节气，24份喜悦 / 厨花君主编. — 北京：中国农业出版社，2019.11（2023.7重印）
(厨花君园艺)
ISBN 978-7-109-25296-7

Ⅰ. ①跟… Ⅱ. ①厨… Ⅲ. ①蔬菜园艺 Ⅳ. ① S63

中国版本图书馆CIP数据核字(2019)第042901号

跟着节气来种菜：**24**个节气，**24**份喜悦
GEN ZHE JIEQI LAI ZHONGCAI: 24 GE JIEQI, 24 FEN XIYUE

中国农业出版社出版
地址：北京市朝阳区麦子店街18号楼
邮编：100125
责任编辑：程 燕 王庆宁 吕 睿
责任校对：巴红菊
印刷：北京中科印刷有限公司
版次：2019年11月第1版
印次：2023年7月北京第2次印刷
发行：新华书店北京发行所
印张：10.25
字数：250千字
开本：710mm×1000mm 1/16
定价：45.00元

版权所有·侵权必究
凡购买本社图书，如有印装质量问题，我社负责调换。
服务电话：010-59195115 010-59194918